LES CARTES DES PLANÈTES

C. Grande

LES CARTES DES PLANÈTES

ÉDITIONS DE VECCHI S.A.
52, rue Montmartre
75002 PARIS

Malgré l'attention portée à la rédaction de cet ouvrage, l'auteur ou son éditeur ne peuvent assumer une quelconque responsabilité du fait des informations proposées (formules, recettes, techniques, etc.) dans le texte.
Il est conseillé, selon les problèmes spécifiques – et souvent uniques – de chaque lecteur, de prendre l'avis de personnes qualifiées pour obtenir les renseignements les plus complets, les plus précis et les plus actuels possible.

Dessins de F. Grande

Traduction de Nelly Turrini

Imprimé en Italie

INTRODUCTION

Qui n'a jamais donné un coup d'œil à son horoscope dans le journal ? Qui n'a jamais levé les yeux vers le ciel pour poser des questions muettes aux étoiles ? Même les plus sceptiques et les plus rationnels connaissent leur signe zodiacal et nombreux sont ceux qui sont partagés entre l'instinct et la raison, entre le besoin de donner une réponse « scientifique » à toute chose et le désir de se laisser guider par son destin.
La conscience d'un lien profond qui unit la vie humaine à la nature et, en particulier, à la voûte céleste nous accompagne depuis des milliers d'années. L'harmonie immuable du cosmos nous donne confiance et renforce notre conviction que les étoiles ne se trompent jamais et qu'elles connaissent notre chemin depuis toujours. Les forces qui gouvernent le ciel et influent donc sur les événements terrestres sont : le Soleil, la Lune, Mercure, Vénus, Mars, Jupiter, Saturne, Uranus, Neptune et Pluton. D'un point de vue astrologique, tous ces corps célestes sont considérés comme des planètes. Chacun d'entre eux a une signification particulière, tenant compte des autres planètes et de la Maison astrologique dans laquelle il transite.
Grâce à des calculs complexes et à l'utilisation de tableaux spéciaux (les éphémérides), l'astrologie étudie le passage des planètes dans les signes zodiacaux et dans les différentes sphères de la vie (les Maisons). Il s'agit de calculs longs et compliqués qui, malgré leur vif attrait, découragent souvent les plus curieux, rebutés par la difficulté. Cet ouvrage, tout au contraire, grâce à

des explications simples et claires et au moyen d'un jeu de quarante cartes, a pour objectif de permettre à tous d'accéder à l'art de la divination, de sorte que tous ceux qui le souhaitent puissent avoir un aperçu de l'avenir.

Les cartes de notre jeu sont divisées de la manière suivante : vingt représentent les planètes (dix avec une signification positive et dix avec une signification négative), deux cartes représentent le type de situation (favorable ou défavorable : la Tête et la Queue du Dragon), deux la chance et la malchance, douze les Maisons, c'est-à-dire les différentes sphères de la vie où les astres peuvent exercer leur influence et enfin, quatre représentent les Éléments (eau, terre, air et feu).

Les cartes sont décrites et illustrées clairement et sont faciles à mémoriser. Une fois que vous aurez appris leur signification, en effectuant les jeux proposés, vous pourrez les utiliser pour interroger les planètes sur les questions qui vous intéressent le plus. Lorsque vous aurez pénétré dans le monde magique des cartes des planètes, rien ne vous empêchera, en outre, d'inventer des jeux totalement nouveaux.

LES ARTS DIVINATOIRES

L'art de prédire l'avenir est fort ancien. Pour nos ancêtres, chaque fait, chaque élément naturel, était un signe ou un présage d'événements futurs et pouvait donc servir à établir un oracle : le vol des oiseaux, les entrailles des animaux, les poissons, les sons émis par les rats et les destructions commises par eux, le feu, la fumée, les phénomènes célestes et les plantes, notamment. Le nom d'un grand nombre d'arts divinatoires se termine par le suffixe « mancie », du grec *manteia*, qui signifie précisément divination. L'une des premières formes de divination est l'**oniromancie**, c'est-à-dire l'interprétation des rêves. Rappelons également la **numérologie**, fondée sur la signification des chiffres.
Certaines formes anciennes d'interprétation de l'avenir, aujourd'hui oubliées, ont laissé une marque dans le monde moderne. L'**aleuromancie** utilisait des méthodes assez singulières pour formuler des prophéties : dans une pâte à base de farine destinée à être cuite, l'on insérait des billets portant une phrase, selon le principe en usage pour les « papillotes ». L'**alomancie**, ou divination par l'usage du sel, explique les superstitions qui entourent ce condiment, tandis que la tradition selon laquelle le fait de rencontrer un chat noir traversant la rue est un signe néfaste découle des **augures**, divinations qui interprétaient les mouvements et attitudes des animaux.

L'ancienne **téphromancie** (recherche des signes dans la cendre), aujourd'hui tombée en désuétude, rappelle la **taxéographie** qui permet de lire l'avenir dans les feuilles de thé ou le marc de café. Il s'agit de méthodes simples et qui laissent beaucoup de marge à l'imagination.

La **chiromancie** est un art aujourd'hui encore très répandu, qui tire des informations de l'étude de la main. L'on observe la forme, la chaleur et la couleur de la main, les doigts, les ongles, la paume et, en particulier, les lignes et les parties qui la composent (les monts). Tous ces détails permettent de donner des informations sur le caractère et le destin de la personne concernée. Une branche secondaire de la chiromancie est nommée **onychomancie** : elle s'occupe uniquement des ongles et, grâce à la lumière du soleil, permet de distinguer sur les ongles des détails significatifs.

La **cristallomancie** prévoit l'avenir grâce à une boule de cristal : c'est la forme de divination la plus suggestive. Dans l'imaginaire collectif, la figure du voyant est presque toujours associée à cet objet où, en transparence, apparaissent les images du destin que seul le magicien est capable de voir.

La **cartomancie**, c'est-à-dire la divination par les cartes et l'**astrologie**, ou étude des astres, sont particulièrement riches en significations liées à l'évolution intérieure de l'homme. Ces deux arts concernant de très près les cartes des planètes, sujet de cet ouvrage, nous allons les décrire d'une manière un peu plus approfondie dans les chapitres suivants.

Avant de passer à l'explication de la cartomancie et de l'astrologie, puis à l'étude particulière des cartes et des planètes, il nous faut souligner qu'aucune méthode divinatoire n'est en mesure de dévoiler précisément l'avenir. En fait, plus que de divination, il s'agit d'intuitions, plus ou moins claires, que nous interpréterons en nous appuyant sur nos connaissances mais aussi sur notre instinct et notre sensibilité. Ne vous étonnez pas si parfois la consultation des cartes n'est pas satisfaisante. Il peut arriver que les cartes donnent une réponse confuse : dans ce cas, il vaudra mieux ne pas insister et remettre à plus tard notre consultation, attendant un moment plus propice et des conditions plus favorables.

Éclaircir des réponses qui sont déjà en nous, mais que nous ne réussissons pas à formuler, dévoiler nos propres possibilités : voilà le véritable enjeu de la divination.

LA CARTOMANCIE

La divination par les cartes est un moyen particulièrement attrayant pour prévoir l'avenir et demande une participation beaucoup plus active de la personne qui consulte que les autres systèmes communément utilisés. En effet, c'est le consultant qui choisit les cartes et il peut voir et comprendre lui-même les symboles représentés dans le jeu, ce qui n'est pas possible avec les autres méthodes d'interprétation du destin, telles que la cristallomancie ou l'astrologie.

Les cartes les plus anciennes et les tarots

Les premières cartes dont nous avons retrouvé une trace dans l'histoire étaient trente-deux tablettes en or, offertes à un empereur chinois aux environs de 1120. Ces cartes furent reproduites et diffusées dans tout le pays et le jeu fut appelé « Mille fois dix mille ». Sur ces cartes, étaient représentés un grand nombre de symboles dont la somme figurait le nombre des étoiles. En Inde, aujourd'hui encore, on joue avec un jeu très ancien composé de dix séries de douze cartes (cent vingt en tout) qui correspondent aux dix incarnations de la divinité Vishnou et à leurs symboles. Ce jeu s'appelle *dasavatara* et chaque série comprend un roi et un vizir, plus dix cartes numérotées dans lesquelles le symbole de l'incarnation de Vishnou est répété. Certains symboles peuvent correspondre aux signes de nos actuelles cartes de jeu : par exemple, les disques peuvent être considérés comme équivalents des deniers ou carreaux et les brocs pourraient correspondre aux coupes du jeu napolitain. Au XIVe siècle, en Italie, on vit se répandre les nabis, basés sur cinq séries de dix cartes, consacrées aux muses, aux planètes, aux sciences et aux vertus. Ces cartes ont probablement influencé les arcanes majeurs des tarots, les cartes les plus couramment utilisées pour interroger le destin. À la fin du XIVe siècle, on inventa les premières véritables cartes à jouer, inspirées probablement par le jeu de dés, pour ce qui est des cartes numérotées, tandis que le roi, la reine et le cheval étaient certainement liés aux échecs.

Certains attribuent des origines extrêmement lointaines aux tarots qui, selon eux, remonteraient à l'Égypte ancienne. Ils affirment même que ce jeu représente, en fait, le livre le plus ancien du monde. Rien ne prouve la véracité de cette assertion, mais il est évident que les idées qui ont inspiré les symboles des tarots sont extrêmement anciennes. Toutes les étapes de l'existence humaine – la naissance, la mort, l'amour, la solitude, les épreuves, la connaissance, le choix, la tromperie, l'espérance, la tentation et la chute, en somme toute la sagesse acquise au long du chemin de la vie – sont représentées symboliquement dans les vingt-deux arcanes majeurs des tarots : ceux-ci représentent la synthèse des sciences occultes et offrent un point de départ pour une réflexion qui devrait permettre de comprendre les grandes vérités de la vie humaine.

Les arcanes majeurs reproduisent des sujets d'origine biblique tels que l'Ange, le Diable, la Tour ainsi que les Éléments essentiels de la voûte céleste (le Soleil, la Lune et les Étoiles) et les pouvoirs les plus importants de l'époque (le Pape et l'Empereur, au masculin et au féminin) et d'autres figures telles que l'Amour, la Mort, le Monde, l'Ermite qui dédaigne le monde, le Char du conquérant, le Pendu, la Roue de la chance, le Fou. Étant donné leur richesse symbolique on considère que les tarots, au départ, étaient non pas des cartes de jeu mais des cartes divinatoires.

Une fois que l'on a enlevé les vingt-deux arcanes majeurs et les quatre cavaliers, l'on retrouve les cartes que l'on utilise couramment pour le jeu de tarot, c'est-à-dire quatre séries de dix dans les cartes napolitaines (de 1 à 7, plus les trois figures), de quatre séries de treize pour les cartes françaises (du 1 au 10 plus les trois figures) ; en outre, dans les cartes françaises, il existe également les deux jokers qui dérivent du Fou. Dans les cartes à jouer, les quatre couleurs correspondent à quatre actions et à autant d'Éléments :

coupe	–	cœur	=	savoir	=	eau
épée	–	pique	=	oser	=	air
bâton	–	trèfle	=	vouloir	=	feu
denier	–	carreau	=	se taire	=	terre

En outre, dans le langage occulte, les coupes sont celles de la divination, qui contiennent l'eau de la sagesse, ou bien la réceptivité féminine ; les épées, indispensables pour lancer un défi, peuvent également représenter l'épée du magicien ou symboliser une croix, signe d'union du principe féminin et du principe masculin ; les bâtons symbolisent également la baguette magique, c'est le signe du commandement et du principe générateur masculin ; les deniers représentent la volonté et la valeur concrète de l'argent.

La divination par les cartes

Les cartes, quelles qu'elles soient, ont une signification qui peut varier en fonction de leur association avec d'autres cartes ainsi que de leur position (tournée vers le haut ou vers le bas : dans ce dernier cas, elles prennent en général une signification négative). Il en découle, par conséquent, un nombre infini de possibilités d'interprétation. L'on a inventé différentes méthodes et il existe de très nombreux jeux pour deviner l'avenir. Un système très simple consiste à ne tirer que trois cartes du jeu et à les interroger sur une question qui nous tient à cœur (le travail, l'amour, la santé, etc.) : la première carte représente les événements favorables, la seconde les obstacles et la troisième, le verdict global.

Par exemple, si l'on demande aux cartes comment finira notre histoire d'amour, et si l'on tire 2 de coupe (cœur), 4 de bâton (trèfle) et 8 d'épée (pique), le verdict définitif sera défavorable. En effet :

– le 2 de cœur représente les événements favorables, donc le couple est amoureux ;
– le 4 de trèfle représente les obstacles, par conséquent la famille est opposée à cette union et tente de l'empêcher ;
– le 8 de pique, qui donne la réponse globale est une carte défavorable, car elle symbolise un changement négatif.

SIGNIFICATIONS DIVINATOIRES DES CARTES À JOUER	
LES COULEURS	**Bâton – trèfle** : idées, amitié, amour de la nature, agriculture, force, lien avec la terre, naissance, conception, pouvoir, esprit d'initiative.
	Coupe – cœur : amour, sentiments, art, créativité, relations personnelles, vie de couple, abondance, vie intérieure, compréhension.
	Denier – carreau : biens matériels, affaires, argent, rapport de travail, commerce, chance, gains, possibilités de carrière, tout ce qui concerne la sphère financière.
	Épée – pique : conflits, inimitié, sentiments négatifs, temps, difficultés, maladies, deuils, lutte et force pour surmonter les obstacles.

LES CHIFFRES ET LES FIGURES	
	As : richesse, abondance, prospérité, fécondité, force, succès et satisfaction.
	2 : association, mariage, relation à deux, conflits.
	3 : relations positives avec les autres, rencontres, contrats.
	4 : Maison, famille, environnement professionnel, lieu de souffrance, hôpital.
	5 : harmonie, sexe, activités ludiques, plaisirs, esprit joyeux, enthousiasme.
	6 : travail, état de santé, limites, pénurie, petits ennuis.
	7 : espoir, ordre mental, succès, solution des problèmes.
	8 : rénovation, changements, régénération, justice.
	9 : méditation, paix, pouvoirs occultes, voyages, intuitions.
	10 : résultats surprenants, affirmation, perfection, triomphe face aux obstacles.
	Valet : fils, jeune, collaborateur, personne sociable.
	Dame : figure féminine, épouse, mère ou ennemie.
	Roi : homme ayant atteint le succès économique et social, mari ou amant.

Inspiré par les cartes, il devient plus facile de percevoir des sentiments et des situations qui ne se sont pas encore manifestés ou que l'on ne connaît pas encore. Chacun pourra essayer son habileté et son intuition avec un jeu quelconque, en connaissant la signification des cartes, mais, surtout, en se laissant guider par son instinct.

La divination par les cartes des planètes

Comme tous les autres instruments utilisés pour connaître l'avenir, les cartes des planètes stimulent les dons de clairvoyance qui dorment en nous, comme un héritage atavique, et grâce auxquels nous pouvons parvenir à pénétrer le mystère et l'insondable et à établir une communication entre les âmes. Les cartes peuvent ainsi aider ceux qui cherchent une réponse, un conseil ou simplement un réconfort. Il faut toutefois se souvenir que si les planètes influent sur notre vie, elles n'ont pas le pouvoir d'en déterminer le cours. En fait, tout homme reste maître et responsable de son destin. C'est à lui que revient la tâche de saisir les chances offertes par le sort ou, au contraire, de lutter contre l'adversité, de ne pas se laisser abattre par les difficultés.
Par ailleurs, sachez que pour que la consultation soit efficace, il est indispensable de suivre un rituel précis et de respecter un certain nombre de règles.

Le rituel

Pour conférer une force divinatoire plus grande aux cartes, il est conseillé de les soumettre à un rite simple, immédiatement après les avoir achetées, avant de commencer à les utiliser. Attendez un soir de lundi de pleine lune, en effet, à ce moment, l'astre de la nuit libère pleinement ses influx les plus positifs et les cartes

en absorbent les dons d'intuition et de clairvoyance.
Après vous être frotté les mains avec une goutte d'huile essentielle d'oranger, qui favorise la relaxation et permet de chasser plus facilement les pensées susceptibles de vous distraire, étalez sur une table un linge blanc ou argenté (ce sont les couleurs de la Lune). Posez un bol plein d'eau, élément qui symbolise la sensibilité, l'instinct, la capacité d'introspection et le savoir, puis allumez une bougie blanche qui favorise la concentration. Placez sur le tissu les cartes découvertes : au centre les cartes de la Lune, positive et négative et, tout autour, en cercle, les autres cartes.
Prononcez ces mots : « Je demande la bienveillance de la Lune et de toutes les autres planètes, afin que ces cartes puissent m'aider à me comprendre et à comprendre les autres ainsi que tous les événements. » Mouillez votre annulaire (doigt du Soleil) de la main gauche (le côté des sentiments) avec l'eau que vous avez préparée et signez légèrement toutes les cartes en faisant la croix, symbole de l'union du principe masculin et féminin, en prononçant leur nom à haute voix. Séchez les cartes avec un tissu propre et recomposez le tas, en laissant les cartes de la Lune positive et négative au début et à la fin. Entourez les cartes d'un tissu noir comme la nuit ou bleu comme le ciel et laissez-les toute la nuit exposées à la lumière lunaire. Avant de commencer la consultation, frottez le dos des cartes avec un cristal de roche qui favorise la clairvoyance.

Les règles

Il faut toujours conserver les cartes au même endroit, loin des appareils électroménagers ou de tout ce qui peut générer des champs électromagnétiques qui pourraient les influencer. Personne ne doit les toucher à l'exception de leur

possesseur. Le consultant est autorisé à couper le tas de cartes et à toucher les cartes pour indiquer celles qu'il a choisies.
La consultation des cartes doit avoir lieu dans un endroit silencieux et peu éclairé : les parfums d'encens et la lumière d'une bougie favorisent la concentration. Le cartomancien et le consultant doivent avoir une attitude détendue et ne croiser ni les bras ni les jambes, pour ne pas gaspiller leur énergie. Il faut mélanger doucement les cartes, en les faisant glisser, face cachée, les unes sur les autres : il faudra les choisir avec la main gauche, celle du cœur.
Il peut arriver que les cartes ne donnent pas de réponse claire ; dans ce cas, il est possible de répéter le jeu trois fois au maximum. Si le verdict est encore ambigu, il est préférable de ne pas insister car, de toute évidence, les cartes ne veulent pas répondre. Lorsque les attentes du consultant sont trop fortes ou si l'on interroge les cartes pour des problèmes graves, la charge émotionnelle intense qui se dégage des personnes présentes peut influer sur le verdict qui apparaîtra confus ou erroné. Dans ce genre de cas, nous vous conseillons de renvoyer la consultation à un moment plus favorable, plus calme.

L'ASTROLOGIE

L'idée selon laquelle le ciel influe sur le destin individuel remonte à l'époque babylonienne. Les Chaldéens furent les premiers à reconnaître les étoiles et les constellations et à calculer les mouvements de révolution des planètes et la position des étoiles. Le ciel fut divisé en douze parties, chacune portant le nom d'une constellation (les signes zodiacaux). L'on calcula qu'il fallait trente jours au Soleil pour traverser chaque signe et l'on a attribué à chaque signe des qualités liées à l'un des quatre Éléments naturels constituant l'univers (l'eau, l'air, la terre et le feu). L'on connaissait alors sept corps célestes (tous considérés comme des planètes) auxquels l'on attribuait le nom et les caractéristiques des dieux : la Lune était Sin et représentait la divinité la plus forte, le Soleil était Shamash, Mercure était Nébo, Vénus était Ishtar, Mars était Nergal, Jupiter Mardouk, et Saturne Ninib. À cette époque, l'astronomie et l'astrologie constituaient une seule et même science, qui était également associée à la religion. L'astrologie était considérée comme très importante et elle était utilisée pour prendre des décisions concernant des événements dont les enjeux étaient capitaux pour toute la communauté. Lorsque, au VIIe siècle, les Assyriens firent la conquête de l'empire babylonien, ils devinrent également les détenteurs de la science des astres ; après le IVe siècle avant J.-C., l'astrologie s'est répandue en Inde, en Chine, en Perse et en Grèce. Les philosophes grecs ont étudié d'une manière approfondie les liens entre la force du cosmos et la nature humaine et ils furent les premiers à utiliser l'astrologie pour faire des prévisions sur le destin d'un

individu. Au IIe siècle, l'astrologie se répandit également à Rome, grâce à l'œuvre de Claude Ptolémée ; celui-ci systématisa les résultats de la recherche précédente et élabora un système géocentrique dont la validité resta indiscutée jusqu'à la révolution copernicienne. Depuis lors, l'astrologie connut des fortunes diverses. Enfin, lorsque Copernic (1473-1543) découvrit que toutes les planètes tournaient autour du Soleil et non autour de la Terre, l'astrologie devint une discipline à part, distincte de la science astronomique.
L'astrologie classique se basait sur les signes zodiacaux qui tiraient leur nom de la constellation concernée. Elle se fondait sur une conception géocentrique de l'univers et sur l'existence de cinq planètes, outre le Soleil et la Lune. Les bases de l'astrologie moderne restent les mêmes, à la différence que l'on a ajouté trois nouvelles planètes (Uranus en 1781, Neptune en 1846 et Pluton en 1930). Par ailleurs, aujourd'hui l'astrologie n'est plus considérée comme une science devant s'appuyer sur des faits réels, mais comme une philosophie enracinée dans les symboles. Vu de la Terre, le Soleil semble se déplacer entre les signes du zodiaque. Le fait que ce moment soit apparent et non réel n'influe pas du tout sur les calculs astrologiques, tout comme le fait que les signes ne correspondent pas aux constellations dont ils portent le nom, comme cela se passait il y a deux mille ans, n'a aucune importance. Étant donné que l'axe terrestre se déplace de 1 degré tous les soixante-douze ans (phénomène de la précession des équinoxes), tous les deux mille cent soixante ans, environ, la position apparente du Soleil par rapport aux constellations se déplace de 30 degrés. Au cours des deux mille dernières années, le 21 mars de chaque année, le Soleil n'est pas entré dans la constellation du Bélier comme l'affirment nos horoscopes mais dans la constellation des Poissons et après l'an 2000, le 21 avril de chaque année, le Soleil entrera dans la constellation du Verseau. L'on a attribué aux nouvelles planètes des caractéristiques liées aux changements et à la découverte qui convien-

nent bien à notre époque. Les « nouveaux arrivés », en outre, ont partagé avec d'autres planètes la domination de certains signes : Uranus a partagé avec Saturne la domination du Verseau, Neptune avec Jupiter est allé gouverner les Poissons, Pluton avec Mars est devenu le maître du Scorpion. Les autres corps célestes continuent à avoir leur domicile dans les signes que les anciens astrologues leur ont assignés : Mars en Bélier ainsi qu'en Scorpion, Vénus en Taureau et Balance, Mercure en Gémeaux et Vierge, Lune en Cancer, Soleil en Lion, Jupiter en Sagittaire et en Poissons et Saturne en Capricorne et Verseau.
Les douze signes sont parcourus par le Soleil en un an et, par conséquent, tous les mois, le Soleil occupe un signe différent : du 21 mars au 19 avril, il occupe le Bélier, du 20 avril au 20 mai, le Taureau, du 21 mai au 21 juin, les Gémeaux, du 22 juin au 22 juillet le Cancer, du 23 juillet au 22 août, le Lion, du 23 août au 22 septembre, la Vierge, du 23 septembre au 23 octobre la Balance, du 24 octobre au 21 novembre, le Scorpion, du 22 novembre au 21 décembre le Sagittaire, du 22 décembre au 19 janvier le Capricorne, du 20 janvier au 18 février, le Verseau, du 19 février au 20 mars, les Poissons.

Les caractéristiques des signes zodiacaux

Les différents aspects de chaque signe découlent de la nature de la planète qui le domine, ils sont liés à ce que représente la constellation à laquelle ce signe se réfère et aux groupes auxquels il appartient. Le signe zodiacal influe sur le caractère de l'individu, mais cela ne signifie pas que les personnes nées sous le même signe se ressemblent. Dans l'horoscope de naissance l'on ne tient pas compte uniquement de la position du Soleil mais également de celle de la Lune et de toutes les planètes.
La présence du Soleil dans un signe donné au moment de la naissance détermine l'appartenance de la personne en question à ce signe, mais cela

n'exclut pas qu'elle puisse posséder des caractéristiques d'autres signes : un Bélier dont la plupart des planètes se trouvent en Cancer aura une nature plus « Cancer » que « Bélier ». Toutefois, tout cela n'enlève pas leur importance aux signes zodiacaux qui méritent d'être présentés spécifiquement.
Les signes se divisent en plusieurs groupes, selon leurs caractéristiques. En fonction des saisons, ils se distinguent de la manière suivante :

- **Cardinaux** : ce sont les Béliers, le Cancer, la Balance et le Capricorne, qui marquent le début des saisons, respectivement : l'équinoxe de printemps, le solstice d'été, l'équinoxe d'automne et le solstice d'hiver. Étant donné que le passage d'une saison à l'autre est un moment important pour le ciel, cela confère à ces signes cardinaux des dons de commandement et de courage, c'est-à-dire le pouvoir de jouer sur les événements.
- **Stables ou fixes** : ce sont le Taureau, le Lion, le Scorpion et le Verseau, qui correspondent à la pleine saison et qui sont caractérisés par l'autorité, la stabilité et un faible esprit d'adaptation.
- **Mobiles ou changeants** : ce sont les Gémeaux, la Vierge, les Sagittaires et les Poissons, qui se situent entre la fin d'une saison et le début de la suivante et représentent le changement. Ce sont des signes dotés d'une grande capacité d'adaptation et malléables.

En fonction de l'élément qui les caractérise, les signes zodiacaux se divisent en quatre groupes de trois signes chacun.

- **Signes de feu** : Bélier, Lion et Sagittaire, comme le feu, sont chauds et énergiques.
- **Signes de terre** : Taureau, Vierge et Capricorne, comme la terre, sont prudents.
- **Signes d'air** : Gémeaux, Balance et Verseau, comme l'air, sont vifs et légers.
- **Signes d'eau** : Cancer, Scorpion et Poissons, comme l'eau, sont fluides et profonds.

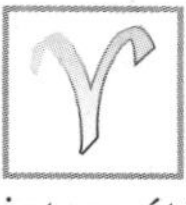

Bélier. Dans sa signification symbolique, il représente l'impétuosité mais également le sacrifice. Le signe graphique qui représente le Bélier peut être interprété comme la corne de l'animal ou bien comme un bourgeon, en référence au fait que c'est le premier signe du zodiaque, qu'il représente le début. Il peut également symboliser une route qui prend deux directions et offre deux possibilités. Le Bélier tire sa force de Mars et du feu et c'est le plus actif et le plus énergique des signes, mais il est également créatif, rebelle, émotif, impulsif, intense, rapide, intuitif, optimiste, impatient, sincère, enthousiasmant, généreux et agressif.

Taureau. Influencé par Vénus, la planète de la beauté et de l'amour. Ceux qui naissent sous ce signe sont affectueux, ils aiment les belles choses, le confort, et, en amour, ils sont possessifs. Le symbole du Taureau, un cercle surmonté d'une faux, avec les pointes tournées vers le haut, se réfère à la constellation du Taureau, ou bien à Vénus, qui était représentée avec deux cornes sur la tête, ou encore à la transformation de la substance primordiale (symbolisée par le cercle), rendue active et féconde, car soumise à la Lune (la faux avec les pointes vers le haut). Le Taureau symbolise la Terre capable de générer toute chose et se distingue donc par son caractère généreux et créatif.

Gémeaux. C'est le plus mobile des signes d'air, il représente la rapidité et l'intelligence. Rusé, rapide et agité il s'agit en fait de Mercure, le dieu aux pieds ailés qui, selon la tradition, protège les Gémeaux. Les natifs de ce signe sont cérébraux et ont un caractère changeant, nerveux, mais, en général, sympathique. Ils sont exubérants, curieux, frivoles et, parfois, leur capacité de raisonnement est tellement froide qu'ils semblent cyniques. Le signe des Gémeaux est double et il peut donc comporter des caractéristiques différentes et contrastées.

Cancer. Les natifs de ce signe, comme le crabe qui se recroqueville dans sa carapace dès qu'il perçoit un danger, recherchent l'appui de leur famille et sont très attachés à leur foyer. Comme le crabe qui marche à reculons, les personnes nées entre le 22 juin et le 22 juillet alternent des moments d'élan et des périodes de réflexion, au cours desquelles elles se réfugient en elles-mêmes et dans le passé. La Lune influe sur ce signe en lui conférant une capacité d'imagination, une grande sensibilité, un esprit poétique et une certaine mélancolie.

Lion. Représente la force de la volonté et toutes les caractéristiques liées au Soleil qui le domine ainsi qu'au feu qui est son élément. Le Lion est le plus courageux et le plus noble des signes, il est autoritaire, généreux et loyal. Ceux qui naissent sous ce signe sont ambitieux et actifs et se réalisent pleinement dans un travail indépendant où dans une activité où ils peuvent diriger un groupe ou l'organiser. L'orgueil et l'ambition peuvent amener le Lion à devenir égocentrique, mégalomane, hautain et despotique.

Vierge. C'est un signe de terre qui tire de cet élément à la fois des caractéristiques de froideur et de fécondité. Dans ce cas, il ne s'agit pas d'une fécondité matérielle, comme pour le Taureau, mais de la fertilité de la raison, d'une intelligence qui sélectionne et organise logiquement. La Vierge est dominée par Mercure, comme les Gémeaux, mais, tandis que l'intelligence des Gémeaux est plus rapide, intuitive et légère, celle de la Vierge est plus attentive aux détails et plus profonde. Critique, sérieux, analytique et tatillon : voici les caractéristiques d'un individu né sous le signe de la Vierge.

Balance. La Vénus de la Balance est celle de l'harmonie et de l'amour, qui tient compte de l'âme. La Balance est le signe de la mesure, de l'équilibre et de la justice. Les natifs de la Balance sont de bons intermédiaires, ils aiment la paix, ils sont agréables, mais souvent inquiets. Ce sont des personnes douées d'une grande capacité d'adaptation, tolérantes et compréhensives. Ce sont des romantiques et des rêveurs.

Scorpion. Comme la créature dont il tire son nom, le Scorpion est mortel et peu fiable. Sa vengeance contre ses ennemis est toujours terrible et inattendue. Ce signe est gouverné par Mars et Pluton, le dieu de la Guerre et le dieu des Enfers respectivement. Les natifs de ce signe sont sombres et agressifs mais également mystérieux, fascinants et originaux. Ils semblent froids, renfermés et détachés mais ils peuvent dévoiler une chaleur et une passion surprenantes.

Sagittaire. Le feu du Sagittaire n'est pas celui du Bélier ni celui du Lion. Ce n'est pas le feu de la passion ou de la personnalité, mais celui d'un esprit éclairé. Le Sagittaire est le signe du centaure, moitié animal et instinct, moitié homme et perception. Il s'intéresse à l'aspect spirituel des choses. Les natifs du Sagittaire sont idéalistes, fiers et généreux, ils ont une grande capacité de coordination même si, parfois, ils finissent par prendre des attitudes trop autoritaires.

Capricorne. Ce signe représente une créature étrange avec une queue de poisson et un corps de chèvre, un animal qui part d'un milieu sous-marin et finit par grimper sur les sommets les plus hauts. C'est ainsi que sont les Capricornes, influencés par Saturne, le maître de ce signe. Ils sont concentrés sur eux-mêmes, sérieux, mais ils sont patients, font preuve de résistance et d'esprit de sacrifice pour faire face à tous les obstacles et parvenir à leurs objectifs.

Verseau. Dans le cas du Verseau, Saturne n'est pas sombre et triste comme pour le Capricorne, mais symbolise l'intuition spirituelle. Uranus qui partage la domination de ce signe avec Saturne est le symbole du nouveau et de la découverte. Uranus confère au Verseau, idéaliste, sage et capable de donner de grandes preuves d'amitié, un caractère téméraire, le goût de l'excentricité et le plaisir de la conquête.

Poissons. Les Poissons tirent de Jupiter leur générosité, leur intuition et leur sensibilité à l'égard des problèmes d'autrui. Neptune, planète de l'irrationnel et du mystère, partage avec Jupiter le gouvernement de ce signe et donne aux Poissons un don de prémonition, la possibilité de voir ce qui est invisible pour les autres, de saisir les vérités les plus profondes. Les Poissons sont sensibles, émotifs et rêveurs, mais ils peuvent également être fuyants, désordonnés, d'un caractère faible, influençables et incohérents, incapables de prendre des décisions.

LES QUATRE ÉLÉMENTS

Selon le philosophe grec Empédocle, qui a vécu au Ve avant J.-C., la nature est constituée de quatre Éléments, définis comme étant les racines matérielles : l'eau, l'air, la terre et le feu qui, à leur tour, sont liés aux qualités de la terre : chaud, froid, humide et sec. Les Éléments sont éternels, infiniment identiques à eux-mêmes et immuables, même s'ils peuvent se diviser. Chaque particule conserve d'une façon inaltérable les caractéristiques de l'élément dont ils font partie. Chez l'homme également, les quatre Éléments primordiaux sont présents : la terre est le corps, l'eau est l'âme (c'est-à-dire le monde inconscient, l'essence des sentiments), l'air est l'intellect et le feu l'esprit (l'être pur qui tend vers Dieu).

Toute chose découle de la composition de ces quatre Éléments, représentés selon le symbolisme ésotérique, par quatre triangles. Si l'on applique les caractéristiques des quatre Éléments à la psyché humaine et à l'astrologie, il en découle autant de types de tempéraments.

Feu. Son symbole est un triangle, la pointe tournée vers le haut, rappelant une flamme. Il est constitué par la chaleur et le sec et correspond à l'été. Il est chaud, léger et tend vers le haut. Sa couleur est le rouge écarlate, sa planète est Mars. La force du feu est celle de la transformation et de l'exaltation mais également de la destruction. Les signes du feu sont le Bélier, le Lion et le Sagittaire, qui ont des caractéristiques d'ambition, de chaleur, de joie, de passion, de volonté, d'énergie et de brillance.
Le feu du Bélier est rouge, caractérisé par une grande chaleur et une énergie indomptable.
Celui du Lion est jaune, la couleur de la lumière et de la force de volonté, caractéristique de la personnalité de ce signe.
La flamme du Sagittaire est bleue et illumine l'esprit, unissant l'humain et le divin.

Terre. C'est le même signe que l'eau auquel on a ajouté un trait horizontal, qui le rend lourd et solide. La terre est lourde, froide et solide, sa couleur est le noir, sa planète est Saturne. Elle est constituée par le sec et le froid et correspond au printemps, à la matière et à la vie. La terre est la substance matérielle des choses, elle peut être fixe et dure comme un fossile ou bien riche, généreuse et féconde comme la terre qui donne des fruits.
Les signes de terre, Taureau, Vierge et Capricorne, sont solides, concrets, froids, prudents, taciturnes, calmes et rigides. La terre du Tau-

reau est grasse et féconde, elle offre généreusement ses fruits. La terre de la Vierge est celle de la fin de la récolte, qui conserve le fruit de son travail (ce signe est souvent représenté par une femme portant un épi à la main et, au Moyen Âge, par une femme plaçant le blé dans le coffre à grains). La terre du Capricorne est nue et elle nourrit la graine qui est en elle, les natifs de ce signe étant introvertis et s'alimentant de leurs potentialités souterraines.

Air. C'est le même signe que le feu, rendu passif par un trait horizontal placé au sommet. L'air rend les Gémeaux, la Balance et le Verseau vifs, gais, intellectuels, idéalistes, libres, superficiels et rêveurs, audacieux. L'air nous entoure, il est partout et, de ce fait, caractérise les échanges, les relations et les liens, il représente l'esprit et l'espace. Les Gémeaux sont caractérisés par les relations et les liens de l'esprit, les Balances par les rapports affectifs et les natifs du Verseau par des liens spirituels. La couleur de cet élément est le bleu et sa planète est Jupiter. L'air, humide et chaud, correspond à l'automne.

Eau. L'eau est représentée par un triangle, la pointe tournée vers le bas, comme une coupe prête à recevoir un liquide. Sa fluidité donne aux natifs du Cancer, du Scorpion et des Poissons leur sensibilité, leur instinct, leur intuition, leur émotivité, leur profondeur, leur capacité d'introspection et leur sagesse. Elle caractérise également des individus fuyants et peu fiables. Fraîche, jaillissante, porteuse de vie et de nourriture : telle est l'eau du Cancer ; l'eau du Scorpion est stagnante et morte, celle des Poissons, la mer, est immense et changeante. La couleur de l'eau est le vert, sa planète est Vénus. L'eau, froide et humide, correspond à l'hiver.

LES MAISONS

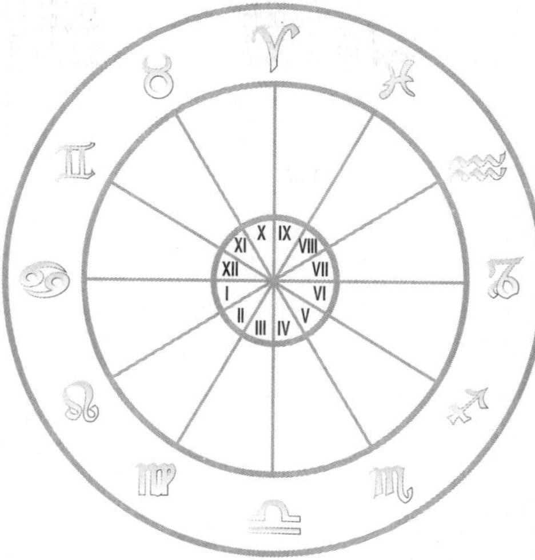

La Terre accomplit un mouvement de révolution autour du Soleil, qui dure une année entière, et un mouvement de rotation autour de son axe, qui dure vingt-quatre heures. Les mouvements de rotation de la Terre et des autres planètes sont inscrits dans le cercle du zodiaque – une bande céleste imaginaire, créée par les astrologues de l'Antiquité. Le cercle du zodiaque est divisé en douze secteurs de 30 degrés chacun, correspondant chacun à l'un des douze signes zodiacaux. L'intérieur du cercle est divisé en autant de quartiers, douze autres secteurs, appelés « Maisons », représentant le mouvement quotidien de la Terre et se succédant dans le sens contraire de celui des aiguilles d'une montre. Le cercle avec les signes zodiacaux reste fixe pendant douze mois, mais son mouvement apparent est dû à la rotation journalière des Maisons.

Maison I. La personnalité de l'individu, son caractère et sa constitution physique, les initiatives.

Maison II. Les richesses matérielles, la manière dont on gagne ou perd de l'argent.

Maison III. Les relations de parenté, les rapports avec l'environnement, les amis, les voisins, les activités quotidiennes, les études.

Maison IV. La famille, ses racines ou ce qui influe sur sa formation.

Maison V. Le sexe, la vie amoureuse, les loisirs, les enfants.

Maison VI. La santé, les animaux domestiques, les obligations, le travail.

Maison VII. Les relations avec les autres, le mariage ou d'autres associations possibles.

Maison VIII. La mort, l'au-delà, les rêves.

Maison IX. Les voyages, la vie intellectuelle et spirituelle.

Maison X. La carrière, le succès.

Maison XI. Les amitiés, les espoirs réalisés.

Maison XII. Les opposions, les obstacles, les ennemis cachés, les épreuves.

Les Maisons I, IV, VII et X représentent des facteurs indispensables pour la réussite personnelle. Comme les signes, les Maisons se divisent en quatre groupes de trois Maisons chacun, caractérisés par un élément :
– l'élément des Maisons I, V et IX est le feu et elles représentent l'affirmation personnelle ;
– l'élément des Maisons III, VII et XI est l'air et elles représentent les liens ;
– l'élément des Maisons IV, VIII et XII est l'eau et elles représentent l'inconscient.

À l'intérieur des Maisons, les planètes se déplacent à des vitesses différentes, influençant le champ qu'elles occupent.

LES CARTES

Les quarante cartes qui composent ce jeu découlent de la représentation de certains symboles de l'astrologie particulièrement porteurs de sens : les planètes, les Éléments naturels, la Tête et la Queue du dragon, les Maisons et la Chance. Nous y avons ajouté la carte de la Malchance, qui n'existe pas en astrologie mais qui revêt une grande importance pour la divination. Les planètes, les Éléments et les Maisons ont des significations précises, faciles à interpréter, particulièrement appropriées pour les néophytes en cartomancie. L'on a attribué généralement aux cartes les significations les plus communes de l'astrologie, tandis que d'autres ont été modifiées ou ajoutées pour rendre l'approche du monde de la divination plus simple et plus immédiate. Toutes les cartes ont un même verso, divisé en douze secteurs, comme les sphères de la vie et dans certains d'entre eux les symboles de certaines planètes sont représentés. Il est possible de s'adonner à différents jeux divinatoires avec ces cartes des planètes. Vous en trouverez une illustration à la fin de cet ouvrage. En outre, ces cartes peuvent être utilisées en guise de porte-bonheur pour accomplir des rituels magiques simples pour demander les faveurs du destin. Par ailleurs, vous pouvez jouer au loto les nombres associés à chaque planète en tirant parti de leurs influx bénéfiques.

LES CARTES DES ÉLÉMENTS ET DES MAISONS

Après avoir traité les Éléments et les Maisons du point de vue astrologique, nous allons résumer la signification des cartes correspondantes.
Soulignons que les cartes des Éléments ont une signification qui leur est propre, tandis que celles des Maisons servent essentiellement à déterminer les sphères de la vie où intervient un élément précis, représenté par les autres cartes.

FEU

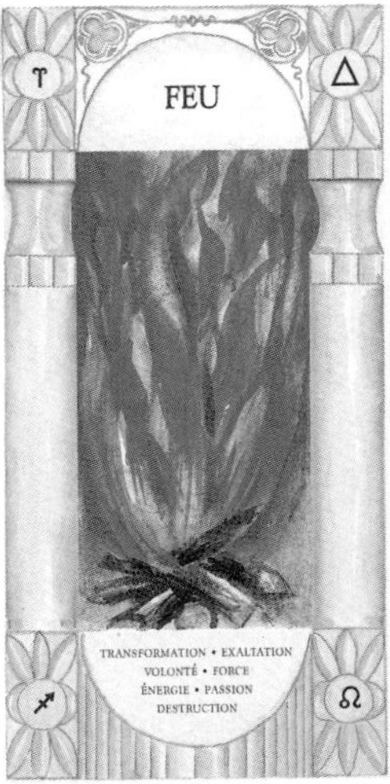

Une grande flambée irradie sa force et sa lumière. Le feu au premier plan « envahit » toute la carte tout comme il recouvre et transforme tout ce qu'il atteint. Cette carte représente la transformation, l'exaltation, la volonté, la force, l'énergie, la passion, la destruction.

TERRE

Au milieu de la campagne, un grand arbre projette son ombre tout autour de lui et étend ses branches dans le ciel azuré. Au premier plan, on voit l'herbe fraîche d'une prairie tandis que, dans le lointain, l'on entrevoit une forêt. La carte de la Terre représente la fécondité, l'introversion, la générosité, le calme et le caractère concret.

AIR

Un ciel clair, avec des nuages légers, doucement transportés par le vent. Les petits nuages communiquent une idée de légèreté, tandis que le vent représente bien les caractéristiques principales de cet élément, la vitesse et les échanges. La carte de l'air représente les liens, les relations, l'idéalisme, la liberté, l'intellect, la vivacité.

EAU

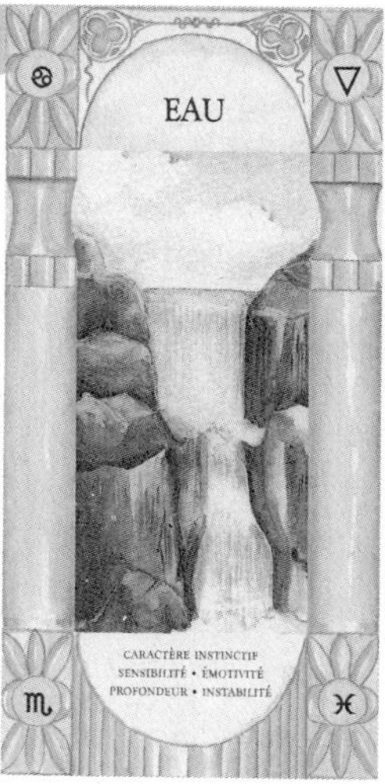

Une cascade d'eau impétueuse court entre les rochers et retombe en bouillonnant. C'est une eau pure et limpide, qui jaillit de la profondeur de la terre et qui donne la vie. Cette carte symbolise l'instinct, la sensibilité, l'émotion, la profondeur, le caractère changeant.

MAISON I

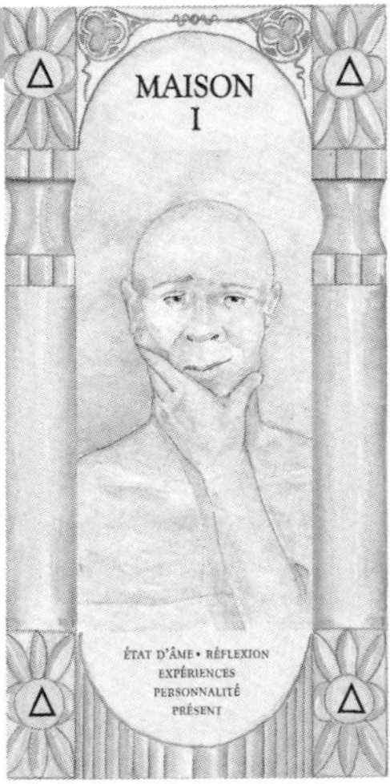

Un homme seul avec lui-même tient son menton dans une main, tandis qu'il appuie l'autre sur son cœur. Son attitude est celle de la méditation et son expression est sérieuse.
Il est concentré sur ses pensées et réfléchit sur lui-même. Cette carte représente l'individu, ses qualités, ce qu'il pense à un moment donné et ses sentiments.

MAISON II

Au premier plan, deux mains se tendent vers un trésor, prêtes à en prendre possession.
Les bijoux et les pierres précieuses resplendissent à la lumière et attirent ceux qui s'en approchent. La Maison II est le côté matériel de la vie, les gains en biens et en richesses, ainsi que les rapports que l'on entretient avec l'argent.

MAISON III

Un enfant s'approche du berceau de son petit frère ou de sa petite sœur pour jouer, symbole des premières relations fraternelles, qui, un jour peut-être, se compliqueront. Cette carte représente les relations avec les frères et sœurs ou d'autres personnes proches, le domaine de l'éducation, de la communication, des aptitudes et de la culture.

MAISON IV

Voici l'image d'une famille : le fils est heureux entre ses parents qui l'aimeront toujours.
L'enfant se sent en sécurité et protégé par sa mère et son père, il sourit et tend les bras vers les autres.
Cette carte représente la Maison des origines, des parents, des traditions et de la terre.

MAISON V

Au premier plan, une tente de cirque, et, sur le fond, les montagnes russes et la roue panoramique représentent la volonté de jouer et de passer une journée sans souci, les jeux, les mondanités, la créativité, la fertilité, les enfants, les capacités éducatives et le sexe.
Une Lune, positive dans cette Maison, peut signifier une grossesse.

MAISON VI

Un homme, assis à son bureau, se concentre sur sa tâche, dans le fond, le reste du bureau avec ses collègues symbolise le monde du travail. Cette Maison concerne en effet la sphère des tâches matérielles et peut indiquer le travail, le comportement envers les subordonnés, les machines, le soin pour son propre corps, l'hygiène et les problèmes de santé.

MAISON VII

Devant une église, deux jeunes mariés viennent de prononcer le « oui » fatidique : le mariage, le lien le plus important que l'on puisse décider de contracter dans sa vie, est à l'origine de la famille, première cellule de la société. Cette Maison est opposée à la I et représente les unions et les associations, les rencontres positives ou négatives.

MAISON VIII

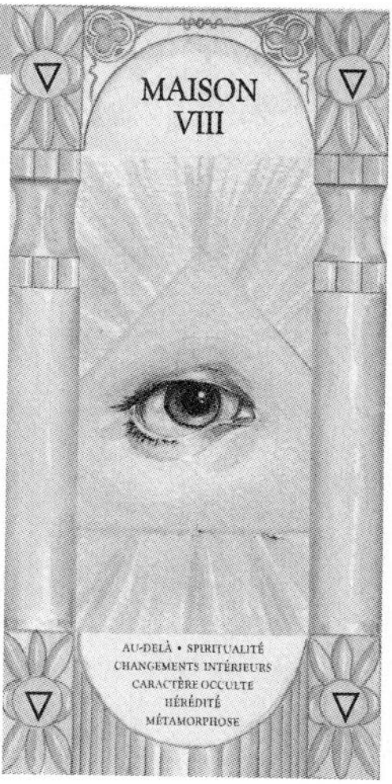

L'œil de Dieu, celui qui sait tout et peut tout voir, veille sur nous, irradie sa lumière qui illumine l'esprit mais que tous ne sont pas capables d'accueillir et de percevoir. Cette carte représente les relations avec la mort, avec l'au-delà et le surnaturel. Elle met en évidence un intérêt éventuel pour le monde occulte ou le travail intérieur.

MAISON IX

Un voilier vogue sur une mer légèrement moutonneuse. Le ciel est limpide et rien ne s'oppose au voyageur qui a les moyens de s'éloigner pour étendre ses connaissances. La Maison IX indique des voyages réels ou spirituels. Elle signifie un intérêt pour les pays lointains et les relations avec des personnes étrangères.

MAISON X

Dans un bureau, deux hommes bien vêtus débattent d'une question importante et plutôt urgente, à en juger par l'expression sérieuse de leur visage et au fait que l'un d'eux semble à peine arrivé (il porte encore une sacoche à la main). De toute évidence, le travail est particulièrement important pour eux. La Maison X concerne la carrière, la profession.

MAISON XI

Deux hommes s'embrassent et trinquent à leur amitié, ils sont joyeux et s'appuient l'un sur l'autre. Dans la vie également, ils se soutiennent et s'aident mutuellement. Cette Maison indique les affinités, les sympathies et les amitiés, les désirs, les expériences et les ambitions. Elle indique, pour le consultant, la manière d'être avec les autres.

MAISON XII

Un homme blessé est assis sur un banc. Les problèmes physiques le font souffrir mais il ne se laisse pas décourager. Près de lui se trouve une béquille : il va bientôt l'utiliser pour reprendre son chemin. Cette Maison se réfère aux obstacles, à la solitude et tout ce qui échappe au contrôle de l'individu ou qui risque de l'écraser, comme la maladie.

LES CARTES DES PLANÈTES

Ce sont les cartes les plus importantes pour la divination. Nous allons donner pour chacune d'elles une description générale puis la signification de la carte, tout d'abord positive puis négative, dans les douze Maisons.
Pour les sept premières planètes les plus anciennes, on a également donné les chiffres de ce que l'on appelle les carrés magiques, auxquels les Anciens attribuaient toute la puissance de la planète correspondante.
Ces chiffres transcrits permettaient de recevoir la protection de la planète voulue (par exemple Vénus pour l'amour).
Aujourd'hui, ils peuvent tous être utilisés comme chiffres porte-bonheur que l'on jouera au loto ou à la roulette.
La tradition n'indique pas de carré magique pour Uranus, Neptune et Pluton, car il s'agit de planètes découvertes plus récemment.

SOLEIL

☉

Le Soleil est le plus important des astres, il domine la personnalité et le caractère d'une personne, il représente le principe masculin, la vitalité, la volonté, la conscience, la raison, l'action. C'est le grand coordinateur qui assigne un rôle à tout être et à toute chose, régule les saisons et la vie sur la terre. C'est l'étincelle divine. Son symbole est un cercle avec un point en son centre. Le cercle représente l'éternité, la vie, la forme dont naissent toutes les formes, le vide spatial, le chaos primordial, l'essence intime de toute chose. Le petit point est la source de tout, l'initiative créatrice, c'est la pupille dans l'œil de Dieu.

LE SOLEIL DOMINE LE LION

CORRESPONDANCES

א

Le Soleil correspond à la première lettre de l'alphabet hébraïque, *aleph*, qui représente le numéro 1, c'est-à-dire la volonté et l'homme. Le 1 est le premier des nombres et pour les adeptes de l'occultisme, il correspond à l'être suprême.
Le Soleil représente la vertu de la prudence.
Dans le symbolisme animal, le Soleil est le Lion, le plus fier des animaux, et l'aigle, le roi des cieux. Le cœur, les artères, l'œil droit, le côté droit de l'homme et le côté gauche de la femme dépendent du Soleil.
L'homme influencé par le Soleil est blond ou châtain, avec une chevelure souple et des yeux expressifs. Il est souvent barbu, énergique, fier, bien proportionné et de taille moyenne. La femme est également blonde ou châtain et

bien proportionnée, elle est sincère et elle a un regard direct. L'âge du Soleil est la jeunesse (de vingt et un à quarante-deux ans). La pierre solaire est le diamant, le jour est le dimanche. Le métal du Soleil est l'or, car il est stable et inaltérable, symbole de la perfection intellectuelle, de la vérité pure et des biens qui ne perdent jamais leur valeur. Les couleurs du Soleil sont l'or et le jaune. Les cabalistes attribuent au Soleil un carré magique composé de six séries de six chiffres qui vont de 1 à 36 et qui, additionnés, forment le chiffre 666. Par conséquent, les chiffres liés au Soleil sont 6, 36, 111, 666 : le 6 est le chiffre de la planète, il y a six séries de chiffres dans le carré et trente-six cases, le 111 représente la somme par rangée, colonne ou diagonale, 666 est le chiffre total.

6	32	3	34	35	1
7	11	27	28	8	30
19	14	16	15	23	24
18	20	22	21	17	13
25	29	10	9	26	12
36	5	33	4	2	31

SOLEIL POSITIF

Au premier plan, fier et majestueux, un Lion, l'animal, qui, plus que tout autre, représente le courage, l'orgueil et la fierté de cette planète.
Dans le fond, le Soleil, au centre du ciel, diffuse ses rayons bénéfiques sur la Terre. La carte du Soleil positif peut représenter le succès, le bonheur, l'heureuse issue d'une affaire, l'amitié, l'harmonie, la paix, un mariage réussi, la célébrité, la sagesse, l'illumination, le sens du beau, l'esprit artistique (Apollon qui conduisait le char du Soleil était très beau et présidait les beaux-arts et la poésie), un homme ou une femme capable d'apporter aide et appui, un guide spirituel, la présence d'une force supérieure positive.

Significations divinatoires

Maison I. Indique les capacités et les qualités intérieures de l'individu, l'état du consultant au moment où le pronostic des cartes sera réalisé ou bien la qualité d'une personne qui à ce moment-là peut avoir une grande influence. Dans cette position, la carte du Soleil positive est de bon augure, s'il n'y a pas d'autres cartes qui s'y opposent. Elle indique une personnalité magnétique et charismatique, un guide, un chef.

Maison II. C'est le Soleil positif, qui est de bon augure pour les gains et pour l'achat de biens immobiliers. C'est peut-être le bon moment pour acheter une maison ou pour la rénover. Disponibilité de biens matériels.

Maison III. C'est le moment idéal pour améliorer ses connaissances, étudier, s'adonner aux voyages culturels. Cette carte indique une grande considération de la part des personnes proches, des frères et sœurs et des parents en général, une bonne aptitude à l'enseignement.

Maison IV. C'est le père ou une figure paternelle et protectrice. Elle représente également la deuxième partie de la vie qui se déroule dans la sagesse et la sérénité. Elle peut signifier que l'individu est très lié à ses racines, à sa famille d'origine avec laquelle il entretient d'excellentes relations, ou bien indiquer une bonne position sociale pour la famille.

Maison V. Indique un heureux événement, en particulier si le Soleil positif se trouve à proximité de la Lune positive, ou bien de la joie et des divertissements. C'est le moment opportun pour entamer une relation sentimentale passionnelle, qui sera marquée par une excellente entente sexuelle.

Maison VI. C'est le signe d'une étroite communion dans le domaine professionnel, de la reconnaissance de son rôle et de son autorité. Le consultant a une bonne relation avec lui-même et avec son corps et se trouve dans un moment marqué par un grand bien-être et une vigueur physique particulière.

Maison VII. Peut signifier un mariage important, heureux, un lien indissoluble avec une personne forte, fière et courageuse, ou bien des associations réussies. Le Soleil dans cette Maison peut signifier que le consultant est un membre représentatif d'associations ou de sociétés importantes.

Maison VIII. Dénote une personnalité spirituelle, s'intéressant à la sphère mystique ou religieuse. Peut signifier la rencontre avec un guide spirituel, la protection d'un défunt ou un héritage.

Maison IX. Se réfère à des voyages heureux et réussis, à des relations avec des personnes et des pays étrangers qui peuvent être importants pour le travail et pour de nouveaux choix de vie. Il peut s'agir également d'un parcours intérieur qui pourra amener la personne concernée à reprendre des études interrompues ou à en entreprendre de nouvelles, ce qui lui apportera un épanouissement moral.

Maison X. C'est le moment où l'on atteint des objectifs longtemps poursuivis, du succès dans la carrière, de la popularité, de la position de personnalité. Cette carte indique la capacité de diriger et d'organiser. Dans ce cas, l'union avec Jupiter positif est excellente.

Maison XI. Importance de l'amitié dans la vie, amis ayant un certain poids social, protection, rencontre décisive.

Maison XII. Indique des moments de crise, désormais surmontés, qui ont pu apporter des transformations intérieures positives ou une amélioration générale. La position du Soleil dans cette Maison peut indiquer également une victoire sur des adversaires, la défaite d'ennemis.

UNIONS AVEC LES AUTRES PLANÈTES

- Soleil et Mars signifient la capacité de lutter pour vaincre.
- Soleil et Jupiter indiquent la chance et les honneurs.
- Soleil et Vénus se réfèrent à un mariage heureux.

SOLEIL NÉGATIF

Un Soleil implacable éclaire un paysage aride et nu, tandis qu'un aigle solitaire rejoint les sommets les plus élevés. Le côté négatif du Soleil est représenté par un orgueil excessif qui peut mener à la solitude et à des erreurs fatales, c'est aussi la nature bestiale de l'homme, qui freine le progrès spirituel.
L'individu gouverné par un Soleil négatif est despotique, égocentrique et égoïste. Le Soleil négatif signifie le refus de collaborer avec les autres, un grand mépris à l'égard d'autrui, un caractère hautain.
La carte du Soleil négatif indique des aspirations artistiques non réalisées, des idéaux inaccessibles.

SIGNIFICATIONS DIVINATOIRES

Maison I. Indique une personne manipulatrice, égoïste et refusant la collaboration. Parfois elle peut représenter l'individu qui, à ce moment-là, est en opposition avec le consultant ou lui crée des obstacles.
Cela peut signifier l'incapacité de jouir du bonheur qui est à portée de la main ou la difficulté à atteindre le succès, malgré des conditions favorables.

Maison II. Signifie un désir non satisfait, des besoins matériels, une déception après un achat qui s'est mal terminé, l'avidité, des préoccupations financières, un esprit matériel, l'ostentation.

Maison III. Rend difficile les relations avec les personnes proches et les frères et sœurs, qui se sentent négligés ou exploités. À ce moment-là, les études ou les activités entreprises peuvent être ralenties ou interrompues.

Maison IV. Cette carte est un signe de préoccupation à propos des rapports avec les parents ou une relation peu sereine. Le Soleil dans cette Maison peut indiquer une deuxième partie de vie moins heureuse que celle que l'on avait imaginée, ou bien le désir d'appui et de réconfort de la part de la famille.

Maison V. Indique une insatisfaction dans les relations sexuelles, un désir inassouvi de luxe et de divertissement. Le consultant aura peut-être intérêt à travailler moins et à se concéder quelques loisirs. C'est également le moment de réfléchir sur ses relations avec ses enfants.

Maison VI. Représente une attention excessive à sa propre personne, le narcissisme, d'éventuels problèmes de santé, un état de malaise général, des problèmes circulatoires ou bien des ennuis dans le domaine professionnel, l'absence d'estime de la part des collaborateurs.

Maison VII. Indique un mariage avec une personne importante, mais sans amour et sans joie, probablement contracté pour des raisons d'intérêt. Le consultant accorde beaucoup d'importance à la classe sociale et considère comme prestigieux le fait d'appartenir à des groupes et à des cercles exclusifs.

Maison VIII. Amène à la réflexion sur les grands mystères de la vie et de la mort, à des pensées concentrées sur des personnes chères disparues. Difficultés à accepter la mort ou à surmonter un deuil.

Maison IX. Il s'agit de voyages qui déçoivent les attentes, jonchés de difficultés ou qui ne peuvent pas être effectués. Ce n'est pas le bon moment pour voyager ni pour entreprendre de nouvelles études.

Maison X. C'est le signe que les objectifs fixés restent lointains, ou bien que la réalisation d'une carrière et de ses objectifs se fait au détriment d'autres aspects de la vie et rend malheureux.

Maison XI. Déceptions provoquées par des amis, difficultés à établir des liens sociaux, isolement. Le consultant a peu confiance en lui et mise uniquement sur les relations sociales pour se réaliser.

Maison XII. Signifie que le consultant est arrogant, peu généreux, et qu'il a créé autour de lui une ambiance hostile, qu'il n'est pas disponible à l'égard de son prochain ou bien qu'il existe des obstacles risquant de compromettre sa réussite personnelle.

UNIONS AVEC LES AUTRES PLANÈTES

- Soleil positif et Soleil négatif indiquent une opposition d'énergie, une incohérence, des problèmes de personnalité.
- Soleil et Saturne équivalent à de la malchance, si les deux cartes sont négatives, à des difficultés et à un ralentissement dans les progrès permettant d'atteindre le succès, si une seule des deux est négative.

LUNE

☽ Comme le Soleil, la Lune est considérée comme un des astres célestes, parce qu'elle diffuse de la lumière. Son symbole, le croissant de lune, n'est pas toujours identique (comme l'est, en revanche, le petit point au centre du cercle du Soleil). En effet, dans la littérature ésotérique, la Lune marque la porte du Ciel, mais également celle de l'Enfer. Le croissant peut être tourné à gauche (Lune descendante, qui peut indiquer un mouvement de stagnation et d'introspection) ou à droite (Lune ascendante, qui peut indiquer le début d'une période nouvelle), avoir les pointes tournées vers le haut (triomphe sur ce qui domine) ou vers le bas (signe d'asservissement). La Lune gouverne les marées. Elle exerce en outre une forte influence sur les êtres humains, constitués pour une grande partie d'eau, surtout les femmes : le moment de révolution de la Lune autour de la Terre dure vingt-huit jours, exactement comme le cycle menstruel féminin. La Lune représente, en fait, le principe féminin, c'est l'âme réceptive, passive, intuitive, patiente, mobile et changeante. Elle domine l'imagination, l'inconscient et les pouvoirs occultes.

LA LUNE DOMINE LE CANCER

CORRESPONDANCES

ב La Lune correspond à la deuxième lettre de l'alphabet hébraïque, *beth*, qui représente le chiffre 2, l'union. Selon la numérologie, le 2 est le premier des nombres pairs féminins, il indique la faiblesse, la réceptivité, la compassion et la subordination. La vertu associée à la Lune est la justice. Dans le symbolisme animal, la Lune est le chat, qui voit la nuit, ou bien le cygne, symbole de la beauté et du charme, ou bien encore le crabe, qui marche en arrière, car son domaine est le passé. Le crabe est représenté également dans la carte XVIII des tarots, la Lune précisément. La divinité liée à la Lune est Diane déesse de la chasse. Le cerveau, l'œil gauche, la partie gauche de l'homme, la partie droite de la femme, l'intestin et l'estomac dépendent de la Lune.

L'homme influencé par la Lune n'est pas bien proportionné, il est grand et a tendance à grossir. Ses cheveux sont châtains, son teint pâle, il est indécis et fatigué, très lié à sa mère. La femme a un visage rond, un teint clair, elle est intuitive, douce et conciliante. L'âge de la Lune est l'enfance, jusqu'à quatre ans. Le métal de la Lune est l'argent, resplendissant et noble comme l'or du Soleil, mais, contrairement à celui-ci, pouvant être altéré. Comme l'or, il représente la perfection de l'intellect et la pure vérité. L'argent symbolise la perfection morale et la pureté de l'imagination. Les couleurs lunaires sont l'argent, le blanc et le lilas. La pierre est le diamant, le jour est le lundi. Les chiffres du carré magique sont 9, 81, 369, 3 321, dont le 9 est la base (neuf séries de neuf chiffres), il y a quatre-vingt-une cases ; la somme par rangée, colonne ou diagonale donne toujours 369 et le total global est de 3 321.

37	78	29	70	21	62	13	54	5
6	38	79	30	71	22	63	14	46
47	7	39	80	31	72	23	55	15
16	48	8	40	81	32	64	24	56
57	17	49	9	41	73	33	65	25
26	58	18	50	1	42	74	34	66
67	27	59	10	51	2	43	75	35
36	68	19	60	11	52	3	44	76
77	28	69	20	61	12	53	4	45

LUNE POSITIVE

Un paysage nocturne, serein, éclairé par un croissant de Lune. La Lune argentée se reflète sur l'eau où un superbe cygne au plumage immaculé se repose. Dans le fond, les montagnes ont des reflets métalliques.
La carte de la Lune positive représente la lumière de l'instinct, qui éclaire les choses que la raison ne peut comprendre.
C'est la sagesse féminine, l'âme qui suit docilement ses impulsions en s'harmonisant avec la nature et le cosmos et conduit l'homme là où la raison l'empêche d'arriver. Elle peut indiquer la mère, la maternité, la naissance, la voyance, la conquête de la vérité, le changement, l'eau, la mer, la navigation, l'enfance.

Significations divinatoires

Maison I. Indique une situation d'émotivité, de spontanéité, un moment d'introspection. Peut indiquer l'état physique du consultant (grossesse), ses désirs de maternité, l'importance de la mère ou d'une figure féminine dans sa vie. S'il n'y a pas de cartes négatives, elle peut signifier une mère protectrice et affectueuse, des sentiments matériels, l'intuition, la lumière dans l'obscurité.

Maison II. C'est le présage de gains faciles, de l'absence de préoccupations financières, le désir de changer de domicile. Peut indiquer également la maison maternelle, la maison des rêves, un enfant ou l'enfance du consultant.

Maison III. Symbolise une sœur ou bien le désir d'élargir ses connaissances, la capacité de comprendre et de deviner les problèmes des personnes proches, des projets de voyage, la passion pour la poésie, les fables, les récits fantastiques.

Maison IV. Souligne un lien affectif profond et important du consultant avec sa mère. La figure maternelle peut avoir été très protectrice et avoir eu un rôle fondamental dans la formation de la personnalité et les choix de la personne concernée.

Maison V. Représente l'amour pour les enfants ou la possibilité d'en avoir un grand nombre. C'est un signe de fécondité ou de grossesse. Dans la sphère sexuelle, cette carte indique la facilité à nouer des liens et le pouvoir de séduction. Le consultant qui a la Lune dans cette Maison est doté de sens artistique et d'imagination.

Maison VI. Dénote une certaine capacité d'adaptation et de tolérance dans le domaine professionnel, un changement positif dans le domaine professionnel ou bien une carrière créative, artistique ou liée à l'éducation. Toujours dans le contexte professionnel, elle peut indiquer l'attirance d'un homme à l'égard d'une femme qui travaille avec lui mais ayant une position subordonnée.

Maison VII. On prévoit de bonnes intuitions en affaires, avec des associés, ce qui amènera la réussite dans le secteur professionnel. Peut indiquer un mariage rêvé ou l'union avec une personne à la personnalité plus marquée ou ayant une meilleure position sociale.

Maison VIII. Ouvre la possibilité d'un héritage matériel ou spirituel. C'est un signe d'intérêt pour le monde surnaturel, indique la voyance et la renaissance spirituelle. C'est la lumière légère de la Lune, qui éclaire la nuit et montre la voie de la sagesse.

Maison IX. Signifie des voyages maritimes, l'amour de l'eau, des rêves prémonitoires, une grande imagination, une capacité à s'adapter aux habitudes et aux coutumes étrangères ou à adopter des cultures ou des modes de penser différents.

Maison X. Indique le désir d'accéder à une position sociale importante ou la survenue de changements nécessaires pour parvenir au succès. Peut symboliser une réalisation personnelle par le mariage ou l'union avec une personne prestigieuse.

Maison XI. Amitié affectueuse et sincère, amis de la famille, une amie qui peut apporter de l'aide, de la protection et de la compréhension.

Maison XII. Représente la capacité à parvenir à la sagesse et au calme intérieur, après une période négative, la résistance passive, la résignation et l'acceptation de son destin.

UNIONS AVEC LES AUTRES PLANÈTES

- Lune et Vénus favorisent la réalisation d'un amour ; un enfant de la personne aimée.
- Lune et Mercure indiquent la capacité à exprimer ses sentiments.
- Lune et Soleil signifient un équilibre, le couple, les parents.

LUNE NÉGATIVE

La Lune, cachée par des nuages menaçants, ne resplendit plus de tout son éclat, mais ne jette qu'un pâle rayon sur la Terre. Au premier plan, se trouve un crabe à l'aspect peu rassurant.
Le défaut lié à la Lune est l'envie.
Pour les experts en numérologie, le chiffre de la Lune est le 2, qui est le symbole des cornes et du diable qui s'oppose à Dieu (le chiffre 1). Dans le passé, le diable et la méchanceté étaient associés à la figure féminine, considérée comme impure et exclue des rôles religieux les plus importants.
La Lune négative représente le côté obscur de la femme, des créatures hostiles, le désir non réalisé de maternité, une relation malsaine avec sa mère, la déception, la tromperie, l'inconstance, l'erreur, les préjugés, l'apparence trompeuse, les pièges, les embûches, la folie.

SIGNIFICATIONS DIVINATOIRES

Maison I. Peut indiquer des troubles féminins, l'influence négative d'une femme, une personne fausse, des problèmes relationnels avec la mère ou avec d'autres femmes, la déception, la tromperie, la volubilité, la passivité, les changements négatifs.

Maison II. Signifie une quasi-incapacité à faire des affaires, des déceptions ou une tromperie à propos d'un achat, des dépenses inconsidérées, des fraudes, l'incapacité à établir des bilans et des budgets.

Maison III. Indique que le consultant se place dans une position où il tient un rôle secondaire par rapport aux autres. Signifie également des problèmes concernant les frères et sœurs ou des personnes proches, des rapports agités et peu sincères, une certaine malignité, la déception, des lettres ou des écrits diffamatoires, des menaces, l'absence de dons pour les études, des leçons de vie mal assimilées, des souffrances.

Maison IV. Représente une personne puérile, immature, ayant besoin de protection, encore trop attachée à sa mère. Le consultant a peut-être souffert à cause de l'absence de figure maternelle ou bien parce qu'il a été opprimé par sa mère.

Maison V. Peut indiquer une grossesse non désirée, un désir non réalisé d'enfant ou une relation problématique avec ceux-ci, une vie sexuelle effrénée.

Maison VI. Indique un emploi instable ou une santé précaire, des malaises en général, des troubles féminins, des maladies stomacales ou intestinales. Peut concerner des maladies passées ou des problèmes de croissance chez l'enfant ou encore une certaine faiblesse psychique avec dépression ou hallucinations.

Maison VII. Dénote une incapacité à maintenir des relations stables, le consultant a peut-être plusieurs mariages à son actif. Pour un homme, cette carte peut indiquer un mariage avec une femme plus âgée, pour une femme, un mariage avec un homme vulnérable, immature ou infidèle par nature.

Maison VIII. Période de crise intérieure, d'introversion. Difficultés à s'élever spirituellement, à évoluer et à surmonter les changements négatifs. Attachement excessif au passé et aux souvenirs, fermeture et nostalgie.

Maison IX. Symbolise les dangers liés à l'eau, des recherches difficiles, des « châteaux en Espagne ». Désigne une personne qui change facilement d'opinion et de religion ou qui est facilement influençable.

Maison X. C'est un symptôme d'intérêt excessif pour sa propre réputation ou bien de hauts et de bas dans la carrière et dans la position sociale.

Maison XI. Indique des trahisons et des déceptions de la part d'amis, des amitiés superficielles, capricieuses et peu durables.

Maison XII. Il est possible qu'une femme représente un obstacle ou représente une source d'ennuis pour le consultant, peut-être est-ce la mère ou la belle-mère. L'inimitié de la part d'une femme, des influences négatives, des forces maléfiques ou la solitude sont possibles.

UNIONS AVEC LES AUTRES PLANÈTES

- Lune positive et Soleil négatif se réfèrent à un homme qui abuse de son pouvoir, à l'esclavage de la femme ; les deux cartes négatives peuvent indiquer deux personnes qui se font du mal.
- Lune et Neptune indiquent un sens des réalités insuffisant si une des deux cartes est positive ; si les deux sont négatives, elles dénotent de la confusion, une perte de conscience, des modèles ou des styles de vie négatifs, une dépendance par rapport à l'alcool, le tabac ou la drogue.
- Lune et Mercure signifient incompréhension, litiges et difficultés dans les rapports. Si l'une des deux cartes est positive, ces problèmes sont plus légers, si les deux sont négatives, ils sont beaucoup plus profonds.

MERCURE

☿

Cette carte porte le nom du dieu aux pieds ailés, protecteur de l'intelligence, de la ruse, de l'éloquence et du commerce.
Tout comme Mercure courait rapidement pour apporter les messages aux dieux, cette planète traverse rapidement la voûte céleste. Mercure représente l'intelligence rapide et rusée. Le symbole de cette planète est une faux qui surmonte le signe de Vénus (une croix sous un cercle) et signifie une vitalité soumise, acceptant toutes les adaptations. Dans le jeu de cartes des planètes, Mercure positif améliore la capacité de jugement et de réaction par rapport aux cartes qui lui sont proches.

MERCURE DOMINE LA VIERGE ET LES GÉMEAUX

CORRESPONDANCES

ה

Le métal correspondant représente parfaitement les caractéristiques de mobilité de cette planète : en effet, il s'agit du mercure qui est un métal liquide à température ordinaire et qui est associé à l'idée de rapidité et de fluidité. La lettre hébraïque qui lui correspond est le *hé*, symbolisant l'inspiration, la capacité d'adaptation et l'esprit d'aventure.
La vertu de Mercure est la force. L'animal est le singe, vif, entreprenant et rusé. Les parties du corps qui subissent son influence sont les cuisses, les pieds, les bras, les mains, la langue, les nerfs et les ligaments. Physiquement, une personne dominée par Mercure a un aspect

juvénile et agréable, elle est soignée et vive, ses yeux sont petits et son regard intense ; ce type d'individu est frêle, brun, sympathique, spirituel, nerveux et impatient. L'âge de Mercure va de quatre à onze ans, sa couleur est le pourpre, la pierre l'agate, le jour le mercredi et les chiffres du carré magique sont 8, 64, 260, 2 080 dont le 8 est le chiffre de base (huit séries de huit chiffres), il y a soixante-quatre cases, et la somme de chaque rangée, colonne ou diagonale donne 260, le total global étant de 2 080.

8	58	59	5	4	62	63	1
49	15	14	52	53	11	10	56
41	23	22	44	45	19	18	48
32	34	35	29	28	38	39	25
40	26	27	37	36	30	31	33
17	47	46	20	21	43	42	24
9	55	54	12	13	51	50	16
64	2	3	61	60	6	7	57

MERCURE POSITIF

La carte représente un dieu jeune et joyeux, coiffé d'un casque ailé. Les deux petites ailes sont le symbole de sa vitesse et de sa légèreté. À la main, il porte un bâton avec deux serpents, symbole des sciences. Au premier plan, le singe symbolise la curiosité et la vivacité intellectuelle.

Cette carte représente la rapidité, l'intelligence, le travail, l'habileté, la diplomatie, la souplesse mentale, l'esprit d'observation, la capacité à bien parler, à lire, à écrire et à comprendre. Une carte de Mercure positive est un excellent augure dans le domaine financier, pour le jeu, les affaires et le commerce. Elle laisse espérer une évolution favorable des études et améliore les capacités d'apprentissage.

SIGNIFICATIONS DIVINATOIRES

Maison I. C'est le signe d'une intelligence particulièrement vive. Le consultant se consacre aux études ou envisage de le faire ou bien pense se lancer dans une nouvelle activité.

Maison II. Est favorable à d'éventuelles rentrées d'argent. Elle peut se référer à des affaires avantageuses ou à de bonnes idées ou initiatives dans le domaine financier.

Maison III. Amène une amélioration du dialogue et des contacts entre parents ou une meilleure capacité d'adaptation aux diverses situations. Signifie également un intérêt pour les études et en particulier pour la littérature.

Maison IV. Améliore la compréhension en famille et favorise les activités liées à la Maison et à l'ameublement.

Maison V. Indique un intérêt pour les jeux et une habileté dans ce domaine ou dans les activités nécessitant une certaine agilité mentale, goût des contacts sociaux, des loisirs intelligents, des relations intellectuelles et des capacités éducatives.

Maison VI. Révèle une capacité à convaincre les autres de la nécessité de collaborer, une habileté dans la gestion du travail en équipe, des dons de dompteur d'animaux.

Maison VII. Se réfère à une grande prédisposition aux contacts, à la possibilité de créer des associations artistiques, scientifiques ou littéraires, à un mariage avec une personne plus jeune ou à une union fondée sur une entente intellectuelle.

Maison VIII. Met en évidence l'intérêt pour les questions spirituelles et religieuses et donne la capacité d'affronter les aspects irrationnels de la réalité. Peut indiquer le besoin de paix et de calme pour accomplir un travail de recherche intérieure. Indique un moment d'introspection qui amène à réfléchir sur la vie passée et les attentes futures. Indique également des rencontres et des conversations qui peuvent changer notre manière de penser et de voir les choses.

Maison IX. Indique que les professions liées à l'international et les associations avec des personnes étrangères sont favorisées. Peut signifier également des voyages de travail et un don particulier pour les langues.

Maison X. Souligne que les secteurs dans lesquels le consultant a les plus grandes possibilités de se réaliser sont liés à la recherche, à l'étude, à l'éducation et au commerce ou aux finances. Le consultant pourra également remporter des succès en politique.

Maison XI. Se réfère à des conversations et à une entente intellectuelle avec des amis, à des rencontres et des amitiés avec des personnes plus jeunes, au besoin de communiquer avec les autres.

Maison XII. Met en évidence que le sens de l'humour, l'ironie et le goût de la satire peuvent être utiles dans les moments difficiles pour dédramatiser les situations.

UNIONS AVEC LES AUTRES PLANÈTES

- Mercure et Jupiter signifient le succès dans la vie publique.
- Mercure et Mars amènent le succès en affaires.

MERCURE NÉGATIF

Sur le tapis vert de la table de jeux, se trouve un tas d'argent gagné par la tromperie. Un individu dont on n'entrevoit que le bras, vêtu d'une veste élégante, a un as caché dans sa manche. Devant lui, l'adversaire, abattu, ne soupçonne rien.
Mercure est non seulement le messager des dieux mais c'est également le dieu des voleurs. Par conséquent, cette planète représente aussi la malhonnêteté, le mensonge, l'équivoque, l'escroquerie et le vol. L'aspect négatif de la souplesse intellectuelle de Mercure est son instabilité, et son incohérence et sa légèreté peuvent se transformer en superficialité. Mercure négatif peut avoir des répercussions sur l'état physique en provoquant agitation et nervosité. Il peut également représenter une personne cérébrale et calculatrice, tenant peu compte des sentiments.

Significations divinatoires

Maison I. Symbolise les bavardages excessifs, les jugements à l'emporte-pièce et les condamnations gratuites, dont le consultant est l'auteur ou la cible.

Maison II. Indique l'instabilité financière ou bien des escroqueries qui provoquent des pertes financières.

Maison III. La loquacité excessive d'une personne devient gênante pour ses parents et ses amis ; peut également indiquer des commérages et de la méchanceté entre voisins.

Maison IV. C'est le signe de l'agitation et de la volonté de s'éloigner de sa famille, souvent parce que l'on est trop influencé par elle.

Maison V. Signale le goût pour les jeux de hasard qui peuvent avoir des répercussions négatives sur la vie du consultant. Indique des relations sexuelles dénuées de sentiments véritables.

Maison VI. Signifie l'agitation et la nervosité. Dans le domaine professionnel, indique l'instabilité et un gaspillage d'énergie.

Maison VII. C'est un signe de relations superficielles, de mariage de courte durée ou de la constitution d'une société peu solide.

Maison VIII. Indique des discussions désagréables à cause d'un héritage ou des problèmes juridiques ou bien des escroqueries liées à un héritage.

Maison IX. Équivaut au scepticisme à l'égard d'autres cultures et religions ou bien une incapacité à trouver sa propre dimension spirituelle.

Maison X. Indique des divergences d'opinion qui entravent la carrière.

Maison XI. Se réfère à des amitiés intéressées et peu durables, à des faux amis qui nous utilisent pour parvenir à leurs fins.

Maison XII. Peut signifier des pertes financières, des vols et des calomnies, ou bien peut se référer à des personnes qui refusent de parler ou d'adresser la parole au consultant.

UNIONS AVEC LES AUTRES PLANÈTES

- Mercure positif et Vénus négative indiquent la futilité de dépenses inutiles ; si les deux cartes sont négatives, on peut attendre un mariage d'intérêt.

- Mercure et Pluton signifient un sens critique excessif et de l'agitation si une des deux cartes est positive. Si les deux sont négatives, ils signalent du cynisme et un esprit destructeur.

- Mercure et Jupiter sont le signe de critiques adressées à la personne qui détient le pouvoir, elles seront particulièrement âpres si les cartes sont négatives.

VÉNUS

♀

Cette planète porte le nom de la déesse de l'amour et gouverne les questions de cœur, l'art, la beauté, la séduction, le désir et l'harmonie. Les Babyloniens, imités ensuite par les Grecs et les Romains, furent les premiers à identifier cette planète comme la déesse de l'amour. La brillante étoile du matin reparaît le soir dans le ciel avec une lumière douce et rassérénante, qui semble inviter à la tendresse et à l'amour.
Son symbole est un cercle surmontant une croix. La croix est le symbole de la vie et de la fécondité car elle représente l'union du principe féminin (le trait horizontal, étendu et passif) et masculin (le trait vertical, debout et actif). Elle est associée à la substance primordiale, au chaos (le cercle).

VÉNUS DOMINE LE TAUREAU ET LA BALANCE

CORRESPONDANCES

פ

Vénus est associée à la lettre hébraïque *pé*, qui signifie espérance. La vertu de Vénus est la tempérance et son animal est la colombe.
Le métal de Vénus est le cuivre, probablement parce que la déesse grecque de l'amour, Aphrodite, était associée à Chypre, région riche en cuivre. On attribue à Vénus la couleur verte car la déesse était protectrice non seulement de l'amour et des arts, mais également de la nature. Le mot français « vert » dérive du latin *viridis* dont la racine est *virescere,* ce qui signifie « croître », « pousser ». Le vert est une couleur particulièrement agréable et apaisante qui s'al-

lie fort bien à l'harmonie de Vénus. L'émeraude, pierre de couleur verte, est associée à cet astre. Les personnes influencées par Vénus sont élégantes, leurs goûts sont raffinés, elles sont affectueuses et séduisantes. Leur teint est clair, elles ont de beaux cheveux, un aspect agréable, elles sont juvéniles et douces avec un regard intense et séduisant.

Le jour de Vénus est le vendredi. Cette planète gouverne la gorge et les reins, l'âge qui lui est associé est l'adolescence (de quatorze à vingt et un ans).

Les chiffres de son carré magique sont 7, 49, 175, 1 225, dont le 7 est le chiffre de base (sept séries de sept chiffres chacune), avec quarante-neuf cases, 175 représentant la somme de chaque rangée, colonne ou diagonale et 1 225 le total global.

22	47	16	41	10	35	4
5	23	48	17	42	11	29
30	6	24	49	18	36	12
13	31	7	25	43	19	37
38	14	32	1	26	44	20
21	39	8	33	2	27	45
46	15	40	9	34	3	28

VÉNUS POSITIVE

Une jeune fille sensuelle se laisse décoiffer par le vent dans une prairie fleurie. Elle est en harmonie avec la nature et semble amoureuse.
Derrière elle, une colombe est posée sur une branche.
Une carte de Vénus positive peut indiquer l'amour, l'affection, le désir, le charme, la mère, l'épouse, une femme jeune, les enfants, la beauté, le luxe, la jouissance, la satisfaction, la sérénité, les arts, l'harmonie, une bonne disposition d'esprit, la joie.
Cette carte est de bon augure dans toutes les circonstances, car elle amène harmonie, bons sentiments et bonheurs.

Significations divinatoires

Maison I. Se réfère à un moment très positif pour l'amour et caractérise en général une période heureuse, empreinte de sérénité et de joie. Le consultant se sent aimé ou amoureux, ou bien peut s'exprimer par l'art ou en tirer plaisir.

Maison II. Peut indiquer des gains liés à une carrière artistique ou bien ceux d'une personne que nous aimons, des cadeaux ou des relations avec une personne riche.

Maison III. Indique une affection fraternelle, d'excellents rapports avec les parents et les voisins. Peut se référer au mariage d'un proche ou bien signifie des études artistiques.

Maison IV. Indique une grande affection pour la famille et le besoin de trouver un appui et une consolation au sein du foyer.

Maison V. Indique une vie sexuelle sereine et satisfaisante ou bien des sentiments profonds d'amour et de désir de protection pour les enfants ou bien la présence d'enfants beaux et doués pour la musique ou les arts.

Maison VI. Indique une bonne santé, une bonne forme physique, la beauté, des bonnes relations avec ses collaborateurs ou bien un amour qui s'est épanoui sur les lieux de travail.

Maison VII. Signifie un mariage, le bonheur conjugal ou bien le début d'un nouvel amour ou encore d'excellentes relations et une très bonne entente avec des associés et des collaborateurs. Les contacts sociaux sont faciles et présentent des avantages. Les problèmes de relations interpersonnelles se résolvent sans rancune.

Maison VIII. Est l'indice d'une forte énergie sexuelle ou bien peut se référer à des changements positifs dans la vie ou dans la manière dont on l'affronte. Peut également signaler de grands changements intérieurs liés à l'affection ou à l'amour de quelqu'un.

Maison IX. Amour avec une personne étrangère, relation née au cours d'un voyage, ou bien désir et plaisir de voyager, amour de la culture des pays étrangers, voyage culturel.

Maison X. Indique qu'une relation amoureuse peut devenir positive pour la carrière, peut signifier le succès dans le domaine artistique ou, en général, dans le travail.

Maison XI. Signifie que l'amitié a une grande importance et que l'on investit beaucoup, au niveau affectif, dans ses relations. Peut également indiquer un rapport avec ses enfants basé sur l'amitié.

Maison XII. Peut indiquer la probabilité de devoir assister ou aider des personnes dans le besoin ou une personne chère pour laquelle il sera nécessaire de faire des sacrifices et dont on devra prendre soin. Tout cela sera récompensé par un bien-être spirituel.

UNIONS AVEC LES AUTRES PLANÈTES

- Vénus et Jupiter signifient la procréation, le développement de la famille.
- Vénus et Saturne indiquent un mariage tardif ou avec une personne plus âgée.
- Vénus et Uranus signifient des changements positifs.

VÉNUS NÉGATIVE

Un démon fascinant attire par son regard magnétique ceux qui l'observent. Il n'a pas d'âge et son sourire ironique est inquiétant.
C'est le symbole de la tentation et du péché.
Dans la carte de Vénus négative, les vertus de cette planète sont exacerbées et se transforment en paresse, vanité, frivolité, apparence efféminée, infidélité, obscénité, luxure et vice.

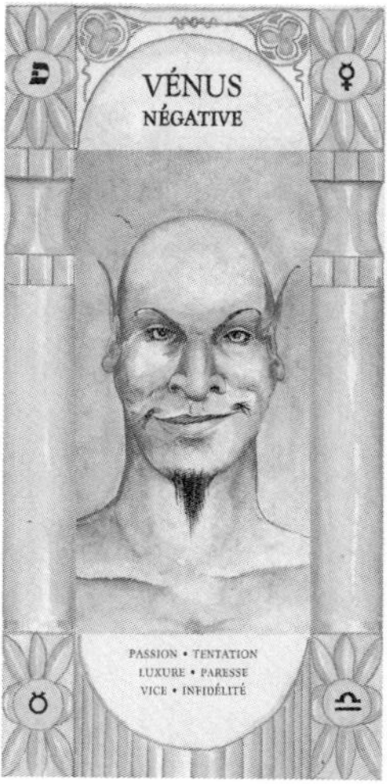

SIGNIFICATIONS DIVINATOIRES

Maison I. L'affect est tourné essentiellement vers soi-même, avec une bonne dose de narcissisme qui amène à trop se préoccuper de sa santé et de son aspect physique et peu de celui des autres.

Maison II. Indique des pertes d'argent provoquées par des personnes aimées ou des problèmes financiers liés à ces dernières. Peut également se référer à une gestion des ressources financières superficielle ou au désir de richesses.

Maison III. Se réfère à la jalousie entre parents ou voisins ou à des rapports dénués de toute affection. Peut représenter une sœur qui a des problèmes de santé ou bien qui est seule ou malheureuse.

Maison IV. Liens excessifs avec la famille d'origine dont on a du mal à se détacher et par rapport à laquelle l'on a du mal à devenir indépendant.

Maison V. Signifie la luxure. Indique un intérêt exagéré pour les plaisirs de la vie et, en particulier, pour le sexe, qui est vécu d'une manière anormale. C'est également l'indice d'une relation malsaine avec ses enfants.

Maison VI. Dénote des problèmes esthétiques, des troubles cutanés ou capillaires, des petits problèmes de voix ou de gorge. Peut également signifier une relation ou un sentiment amoureux dans le milieu professionnel qui crée des complications ou qui entrave la carrière.

Maison VII. Indique la jalousie, une infidélité probable. Peut indiquer également un mariage malheureux ou raté ou bien une relation sans amour. De toute manière, la carte de Vénus négative dans cette Maison est de mauvais augure pour les relations.

Maison VIII. Peut se référer à la perte d'une personne chère ou bien à une crise personnelle provoquée par des carences affectives ou bien encore à des perversions sexuelles ou à une sexualité sans amour.

Maison IX. Équivaut au désir de voyager, à des voyages accomplis pour satisfaire ses vices, pour fuir l'ennui.

Maison X. Signifie que l'amour peut être un obstacle à sa carrière, ou bien qu'il faut faire un choix car un élément exclut l'autre.

Maison XI. Représente des amitiés qui ne sont pas basées sur l'affection, mais uniquement sur des intérêts communs ou bien peut indiquer que l'on fréquente des amis uniquement pour se vanter de leurs mérites.

Maison XII. Indique des problèmes à nouer des relations amoureuses, des défauts physiques, une incapacité à séduire, un manque de charme ou bien l'incapacité d'aimer et d'exprimer ses propres sentiments.

UNIONS AVEC LES AUTRES PLANÈTES

- Vénus et Mars indiquent un adultère si une seule des cartes est négative ; si les deux le sont, elles indiquent une relation violente ou un partenaire alcoolique.
- Vénus et Soleil signifient un amour non partagé, qu'une seule ou que les deux cartes soient négatives.

MARS

♂

Il est symbolisé par le signe masculin, un cercle surmonté d'une flèche, qui s'oppose au signe féminin de Vénus. Mars incite à la matérialisation, tandis que Vénus induit à la spiritualisation. Il représente la virilité, la vitalité agressive qui stimule le besoin d'action, la force, l'énergie, l'instinct combatif et bestial, la lutte, la violence, la passion. La nature de Mars est enflammée, vigoureuse et hardie. Les personnes influencées par Mars ne se soumettent jamais et n'ont peur de rien.

MARS DOMINE LE BÉLIER ET LE SCORPION

Correspondances

פ

Bataille et sang : ce sont les liens de Mars et c'est la raison pour laquelle on y a associé tous les symboles liés à ces deux concepts. Le fer est le métal de Mars, qui lui a été attribué au moment de la découverte de la supériorité des armes en fer par rapport à celles en bronze.
Le rouge peut représenter la planète parce qu'elle est la couleur du sang et donc de la violence des batailles mais aussi parce que c'est la couleur même de cette planète que les Égyptiens appelaient précisément « l'étoile rouge ». Le rubis, la pierre liée à cette planète, est également de couleur rouge : son nom dérive du mot latin *ruber* (« rouge »).
La couleur rouge, liée au sang, considéré autrefois comme un principe vital, est depuis toujours associée à la vitalité et à l'énergie, ainsi qu'à la violence.
Les individus influencés par Mars sont massifs,

de stature imposante, athlétiques, audacieux et prêts à tout.
Mars gouverne les reins, l'oreille gauche et les organes génitaux masculins et il correspond à la lettre hébraïque *samech*, qui, dans le XVe arcane des tarots équivaut au diable, principe du monde matériel.
Son animal est le coq, probablement parce qu'il est symbole de virilité ; son jour est le mardi, sa vertu est la charité et son âge va de quarante-deux à cinquante-six ans.
Les chiffres du carré magique de Mars sont 5, 25, 65, 325, dont le 5 est le chiffre de base (cinq séries de cinq chiffres), les cases sont au nombre de vingt-cinq et 65 représente la somme de chaque rangée, colonne ou diagonale alors que 325 est la somme totale.

11	24	7	20	3
4	12	25	8	16
17	5	13	21	9
10	18	1	14	22
23	6	19	2	15

MARS POSITIF

Un coq fier et plastronnant, symbole masculin, regarde autour de lui pour mieux dominer son territoire. Le visage serein et viril d'un homme et un feu chaleureux et lumineux servent de toile de fond. Mars incarne l'énergie, le sens de la justice, la santé, la volonté, la force, la virilité, l'esprit d'initiative, le sens de l'indépendance, la force de décision, la passion, la capacité à combattre et à ne pas céder aux abus de pouvoir et aux injustices. La carte de Mars positif peut se référer à un homme qui apporte son aide et sa protection, à une personne forte et indépendante qui refuse obstinément de renoncer à sa liberté.

SIGNIFICATIONS DIVINATOIRES

Maison I. Le consultant possède une grande énergie, il est très actif et il a « de la poigne » : il est prêt à affronter tous les problèmes ou toutes les situations difficiles. Peut également signifier l'agitation et le désir de changements soudains.

Maison II. Se réfère aux énergies utilisées pour se procurer des biens matériels ; peut indiquer l'énergie physique dépensée pour travailler et gagner sa vie ou bien la construction matérielle de sa propre maison.

Maison III. Équivaut à une forte personnalité qui s'exprime d'une manière polémique ou bien indique que le consultant est une personne capable d'apporter aide et appui à ses parents et à ses amis.

Maison IV. Indique une éducation rigide ou bien une tendance à l'impulsivité et des disputes possibles avec ses proches.

Maison V. C'est le signe d'un tempérament très passionnel, d'amours bouleversantes ou d'un grand enthousiasme pour la vie.

Maison VI. Signifie un besoin de s'affirmer et de défendre ses droits dans le domaine professionnel et de réagir si l'on est ouvertement attaqué. Grandes exigences à l'égard des collaborateurs.

Maison VII. Nécessité de faire la clarté sur certains aspects de la vie de couple qui ne sont pas satisfaisants. Mise au point également avec les collaborateurs et associés.

Maison VIII. Peut signifier une attirance pour la chirurgie ou peut être un signe de grande lutte intérieure, qui permettra de surmonter une grave crise existentielle et d'avoir l'intuition de grandes vérités sur la vie et le destin humain.

Maison IX. Grand esprit de liberté, capacité de lutter pour un idéal, indépendance vis-à-vis de tout credo politique et religieux.

Maison X. Indique une réalisation personnelle grâce au travail. Il est finalement possible de récolter les fruits de son travail. Peut également se référer à un type de profession nécessitant de l'énergie physique, par exemple la boxe.

Maison XI. Signifie que les amis du consultant apprécient sa spontanéité ; souvent ils s'adressent à lui pour lui demander aide et conseils.

Maison XII. Le caractère rebelle et indomptable de la personne concernée n'est freiné par aucun obstacle et les épreuves imposées par la vie sont utilisées pour augmenter sa force et sa résistance, pour mûrir et améliorer son caractère.

UNIONS AVEC LES AUTRES PLANÈTES

- Mars et la Lune signifient une grossesse après beaucoup de difficultés ou une intervention chirurgicale.

- Mars et Saturne indiquent une voie intérieure d'une grande importance, qui mène à la conquête de l'équilibre et de la sagesse, ainsi qu'à l'affirmation de sa liberté.

- Mars et Jupiter signifient la conquête, l'expansion.

MARS NÉGATIF

Un guerrier tient les rênes de son cheval qui est toujours près de lui, même dans la bataille. Il n'a pas encore rengainé son épée, longue et effilée, prête à être utilisée encore une fois. Il représente la violence, l'abus de pouvoir, la colère, une vie déréglée, le manque de respect, la guerre, la fièvre, l'alcoolisme, la prison, les incendies, les vols, les blessures, les traumatismes, la nature bestiale.

SIGNIFICATIONS DIVINATOIRES

Maison I. Rend susceptible, irascible, polémique, violent et tyrannique. C'est un moment où n'importe quel détail peut provoquer des accès de colère et où l'on ne supporte personne. Les relations avec les autres sont difficiles à cause d'un besoin insatiable de domination.

Maison II. Signifie que des problèmes peuvent surgir à cause de l'impulsivité avec laquelle l'on gère son argent.

Maison III. Indique des litiges avec des frères et sœurs ou d'autres parents, de la nervosité et de l'agressivité.

Maison IV. Se réfère à la violence domestique. L'enfance du consultant peut avoir été marquée par des disputes entre les parents ou par des mauvais traitements physiques. Risques d'incendie.

Maison V. Signale une vie déréglée, consacrée aux plaisirs ou bien une sexualité violente.

Maison VI. Indique des interventions chirurgicales, des traumatismes ou des blessures ou bien des crises violentes, des problèmes liés à l'automobile (on conduit mal, à cause de sa nervosité et du manque de contrôle de soi) ou bien encore une absence de sensibilité envers ses collègues de travail.

Maison VII. Signale une rivalité ouverte et profonde avec une personne ou bien l'incapacité à se plier aux compromis indispensables à la vie de couple ou dans les affaires.

Maison VIII. Des désirs soudains de changements amènent à abandonner sa religion pour une nouvelle doctrine. Accidents ou dépendance vis-à-vis de l'alcool.

Maison IX. Peut se référer à des tensions diplomatiques entre deux pays, au début d'une guerre ou à une révolte.

Maison X. Indique des rivalités qui empêchent de se réaliser dans le travail ou bien une personnalité excessive, trop énergique et polémique, peu appréciée dans son milieu professionnel.

Maison XI. C'est le signe de fréquentes crises de colère envers les autres, de comportements tyranniques qui tendent à éloigner les amis.

Maison XII. Peut signifier le danger de subir des traumatismes ou des blessures, ou bien l'absence de liberté, la prison.

UNIONS AVEC LES AUTRES PLANÈTES

- Mars et la Lune signifient des problèmes au cours de la grossesse, même si une seule des cartes est négative.

- Mars et Mercure indiquent des disputes si l'une des cartes est négative, des dénonciations ou des procès si les deux sont négatives.

- Mars et Saturne provoquent la méfiance, si une des cartes est négative, et l'agression envers une personne si les deux le sont.

JUPITER

♃ Cette planète porte le nom du père des dieux et gouverne donc la capacité de commander. Les Babyloniens ont identifié cette planète au dieu Marduk, le Soleil du printemps qui séchait la terre après les pluies et permettait aux plantes de pousser. Jupiter est donc une planète aux influx bénéfiques, porteuse d'ordre et de richesse, de succès et de bonheur. La gloire, la fortune, l'autorité, la paix et le statut social dépendent de Jupiter.

Le symbole de Jupiter est une sorte de 4. Il est composé du croissant de Lune (symbole du changement) qui s'associe et domine le bras horizontal d'une croix (la vie). Sa signification symbolique est celle d'une action de transformation et de croissance.

La croissance et, tout particulièrement, l'expansion caractérisent l'action de Jupiter, qui élargit les horizons et amène la prospérité.

JUPITER DOMINE LE SAGITTAIRE ET LES POISSONS

CORRESPONDANCES

ד Jupiter est associé à la lettre hébraïque *daleth*, qui correspond au gouvernement et au pouvoir. Sa couleur est le bleu, symbole du pouvoir, et celle-ci convient parfaitement à la nature de Jupiter, le maître de toute chose. En outre, le bleu est la couleur du ciel, la demeure du dieu. Le métal qui le représente est l'étain, que les Sumériens appelaient « le métal du ciel » ; sa pierre est le saphir, bleu également. Le jour propice est le jeudi.

Le foie, les veines, les poumons, le diaphragme, les muscles et les flancs sont dominés par Jupiter, qui est également lié à la vertu de l'espérance, à l'éléphant, au dauphin et à l'âge mûr compris entre cinquante-six et soixante-dix-huit ans.

Jupiter est associé à l'opulence et à l'expansion et ses concepts étant également appliqués à l'aspect physique, il en découle que les personnes dominées par Jupiter sont obèses avec une grosse tête ronde, elles sont optimistes, gaies et sereines. Les chiffres du carré magique de Jupiter sont 4, 16, 34, 136, dont le 4 est le chiffre de base (quatre séries de quatre chiffres chacune) ; il y a seize cases et la somme de chaque rangée, colonne et diagonale est de 34, tandis que le total global est de 136.

4	14	15	1
9	7	6	12
5	11	10	8
16	2	3	13

JUPITER POSITIF

Le chef des dieux apparaît dans toute sa grandeur. Son expression est à la fois sérieuse et bienveillante. Il tient à la main la foudre, symbole de son pouvoir, et un dauphin est représenté sur son bouclier. Cette carte amène vitalité, équilibre et joie. Elle indique l'abondance, l'aisance, les richesses, l'héritage, la justice, l'autorité, la participation aux affaires publiques, les alliances, les connaissances, les amitiés, les protections, la carrière. Elle peut indiquer un homme d'un certain âge avec une position sociale importante, un protecteur, un homme politique ou un Pygmalion.

Significations divinatoires

Maison I. Renforce la personnalité, rend optimiste et sûr de soi. C'est le moment de montrer aux autres ses capacités ou d'élargir ses connaissances.

Maison II. Signifie que les biens et l'argent sont gérés d'une manière appropriée, même si le consultant n'y accorde pas grande importance. En effet, il s'agit d'une personne généreuse, prête à partager ses ressources avec les autres ou à se préoccuper de ceux qui ont besoin d'aide.

Maison III. Permet une certaine facilité dans les études et donne de grandes possibilités de réussir les examens ou les concours ; elle peut représenter un enseignant compétent, un philosophe, un éducateur ou bien un frère aîné. Pour ceux qui écrivent, c'est peut-être le bon moment pour chercher un éditeur.

Maison IV. Signale des événements positifs dans la Maison paternelle, des gains concernant les parents, l'hospitalité, la réalisation personnelle à l'âge de la maturité.

Maison V. Signifie que la famille s'agrandit ou bien que des événements favorables concernant les enfants, tels qu'une promotion ou une reconnaissance financière, vont survenir. Indique également le divertissement, la chance au jeu, l'expression de la créativité.

Maison VI. Équivaut à une bonne santé et à d'excellentes relations avec les collaborateurs et salariés qui ont une haute estime du consultant. Signifie également l'achat d'une automobile plus grande ou d'un animal de grande dimension ou bien qu'une bête est gravide.

Maison VII. La relation avec les autres est très importante pour stimuler sa personnalité et progresser. Peut également se référer à l'agrandissement d'une société ou de la famille ou bien à un mariage avec une personne de prestige.

Maison VIII. Peut symboliser un héritage ou bien la possibilité de recevoir de l'argent de la part d'autres personnes. Signifie également des changements positifs, amenant une nouvelle manière de voir les choses ou bien peut indiquer que l'on a surmonté un moment critique ou de stress. Indique un besoin de développement spirituel.

Maison IX. Dans le commerce, indique la conquête de marchés extérieurs ou, en général, des activités qui élargissent les frontières.

Maison X. Avancement dans la carrière, grand succès personnel, position de commandement, popularité.

Maison XI. Signale des événements sociaux, des amitiés avec des personnes importantes, qui aideront la personne en question à parvenir au succès.

Maison XII. Indique la victoire sur l'adversité, l'absence d'ennemis, des aides financières possibles ou bien un grand succès et la célébrité dans le domaine des sciences occultes.

UNIONS AVEC LES AUTRES PLANÈTES

- Jupiter et Saturne signifient la sagesse.
- Jupiter et Uranus amènent l'optimisme et provoquent des actions aux effets bénéfiques.
- Jupiter et Neptune indiquent un désir ardent, une grande sensibilité qui s'exprime avec succès dans le domaine artistique.

JUPITER NÉGATIF

Un pont écroulé empêche de continuer et ceux qui se trouvent sur ce pont sont au bord d'un gouffre profond. Jupiter est une planète si favorable que même sa carte négative n'indique pas véritablement une situation dommageable : elle peut atténuer la signification positive ou bien représenter les obstacles à la réalisation des objectifs. La générosité de Jupiter positif se transforme en gaspillage d'argent, la richesse en avidité et l'autorité en tyrannie.

Significations divinatoires

Maison I. Une assurance excessive amène la personne concernée à se surestimer.

Maison II. Peut signifier que se procurer de l'argent et accroître sa richesse sont les principales raisons de vivre du consultant ou bien que celui-ci fait preuve d'un optimisme excessif dans le domaine financier et que cela lui joue de mauvais tours.

Maison III. Indique la nécessité de s'appuyer sur un enseignant pour progresser dans les études ou bien la déception de ne pas avoir reçu de l'aide et du soutien de la part de personnes que l'on croyait proches.

Maison IV. Se réfère à un père autoritaire, à une famille trop nombreuse ou à l'incapacité de se réaliser sans l'appui de sa famille d'origine.

Maison V. Déceptions provoquées par les enfants, gaspillage d'argent pour son propre plaisir ou pertes au jeu.

Maison VI. Indique des problèmes de surcharge pondérale ou des troubles liés à l'alimentation, une attention excessive à sa santé, la peur de tomber malade.

Maison VII. Peut se référer à un juge défavorable, à un procès qui n'évolue pas positivement, à des problèmes, dans une association ou un mariage, provoqués par le caractère tyrannique de l'une des personnes concernées.

Maison VIII. Indique la prodigalité, le gaspillage d'argent. Peut se référer à une personne qui utilise ses capacités pour dominer les autres et les réduire à sa merci.

Maison IX. Signale un échec à l'étranger ou bien des voyages que l'on n'a pas envie de faire.

Maison X. Représente des supérieurs qui freinent la carrière, un travail qui ne convient pas parce qu'il ne permet pas au consultant de déployer ses capacités d'organisation et empêche tout avancement et promotion.

Maison XI. Équivaut à la recherche d'amis puissants et riches, signifie que le consultant est un arriviste ou bien qu'il s'entoure de personnes qui ont l'intention de l'exploiter.

Maison XII. C'est un signe de difficultés financières. Peut également indiquer des troubles hépatiques.

UNIONS AVEC LES AUTRES PLANÈTES

- Jupiter négatif et Pluton positif indiquent une ambition excessive ; les deux cartes négatives indiquent le fanatisme et un esprit destructeur.

- Jupiter et Mars tous deux négatifs signifient une rébellion violente ; en revanche, si une des cartes est positive, cela dénote un fort esprit d'indépendance.

- Jupiter et le Soleil négatifs indiquent une personne tyrannique ; si une des cartes est positive, il s'agit, en revanche, d'un chef inflexible.

SATURNE

♄ Son symbole, à l'opposé de celui de Jupiter, est constitué d'une sorte de S renversé qui s'associe à un T ; la signification est également inverse : action transformatrice et, donc, croissance et expansion, voilà ce qui caractérise Jupiter ; création achevée et, donc, vieillesse et mort, voilà Saturne. Pourtant, la mort n'est pas la fin de toute chose, mais la libération suprême : Saturne taille l'arbre de la vie pour l'aider à grandir. Le sage accepte sereinement la vieillesse et la mort, car c'est seulement lorsque l'esprit aura abandonné le corps qu'il pourra redevenir libre. Saturne est la planète de la sagesse, de la gravité, de la responsabilité, de la patience, de la spiritualité, du doute, de la malchance, de la mélancolie, de la fatigue, du temps, du destin, de la renonciation et du sacrifice.

SATURNE DOMINE LE CAPRICORNE ET LE VERSEAU

CORRESPONDANCES

מ Le plomb, sombre et lourd, était associé par les Anciens à Saturne qui, dans la cosmologie ancienne, était la planète la plus éloignée du Soleil, la plus foncée, la plus froide et la plus lente. Par conséquent, on associe à Saturne le noir, couleur de la nuit ; toutes ces analogies se fondent sur la correspondance entre Saturne et la mort. Saturne correspond à la lettre hébraïque *mem*, qui signifie renaissance, création et destruction. La pierre de Saturne est l'onyx, sa vertu est la foi, son animal est le serpent et le jour de cette planète est le samedi.

Les os, les dents, l'oreille droite, la rate et la vessie sont influencés par Saturne et les années de la vieillesse (après soixante-huit ans) dépendent de cette planète. Les individus gouvernés par Saturne sont tristes et lugubres, longilignes et maigres, les yeux enfoncés et froids. Les chiffres associés à Saturne sont 3, 9, 15, 45 dont le 3 est le chiffre de base (trois séries de trois chiffres, il y a neuf cases, la somme de chaque rangée, colonne ou diagonale est 15 et le total global est 45). Le carré de Saturne est le plus ancien que l'on connaisse.

4	9	2
3	5	7
8	1	6

SATURNE POSITIF

Un prêtre, vieux et sage, avec une barbe blanche, voilà la représentation du Saturne positif. Il a des conseils à donner aux autres, mais il regarde tout de même vers l'avenir, bien qu'il ait déjà récolté les fruits de sa vie.

Dans le fond, l'on peut voir un ciel bleu et un arbre aux racines profondes. La carte de Saturne positif a une signification mystique et religieuse forte, tournée vers la recherche de la vérité. Elle représente les relations avec Dieu, le sacerdoce, l'ascétisme, le détachement, l'incorruptibilité, le sacrifice, la sagesse, l'héritage, la responsabilité, le destin, la profondeur, la patience, la concentration, l'équilibre, l'injustice et la vieillesse.

Significations divinatoires

Maison I. Indique une personne qui guide et conseille le consultant. Ce peut être une personne âgée, un philosophe ou un prêtre. Peut également indiquer le besoin de rester seul et de méditer.

Maison II. Se réfère à des biens administrés d'une manière prudente et sage, à des ressources financières qui conservent leur valeur dans le temps, à de l'argent gagné à grand-peine, à des économies, à des investissements qui, finalement, donnent leurs fruits.

Maison III. Représente un frère âgé qui peut donner des conseils avisés ou bien des études longues, philosophiques, religieuses.

Maison IV. C'est un père âgé ou un grand-père. Peut mettre en évidence des soucis pour un parent âgé ou resté seul. Peut indiquer la possibilité de recevoir des biens.

Maison V. Révèle la sagesse dans des relations avec des enfants, les plaisirs intellectuels, la propension à faire des collections ; peut indiquer une période de frivolité et d'amusement après un moment difficile.

Maison VI. Le sérieux permet de bien s'organiser dans le travail, d'obtenir de bons résultats, les sacrifices et les efforts accomplis pour sa carrière seront finalement récompensés.

Maison VII. Indique une union qui durera toute la vie ou bien un mariage tardif. Peut se référer à des associations sérieuses et solides, éventuellement religieuses.

Maison VIII. C'est un augure de longue vie. Peut également se référer à la mort d'une personne âgée.

Maison IX. Se réfère à de longs voyages ou à une vie spirituelle très intense, à la conquête de la sagesse et de la connaissance.

Maison X. Révèle une personne sérieuse, honnête et patiente, qui réussit à faire carrière, lentement mais sûrement. Indique un talent pour l'enseignement et, d'une manière plus générale, l'éducation. Peut se référer à une charge ecclésiastique.

Maison XI. Amène des amitiés sérieuses et fidèles. Il peut s'agir d'amitiés de longue date ou d'amis âgés ; les amis sont rares et bien choisis. Le consultant préfère rester seul plutôt que de fréquenter des personnes en qui il n'a pas confiance.

Maison XII. Une phase difficile est en train d'être surmontée, besoin d'introspection, fin d'une période d'isolement et de solitude, retour de la confiance en soi.

UNIONS AVEC LES AUTRES PLANÈTES

- Saturne et le Soleil signifient la chance et une vie longue.
- Saturne et la Lune apportent la timidité, la loyauté, la sagesse féminine.
- Saturne et Mercure dénotent une intelligence profonde, de grandes capacités de communication.

SATURNE NÉGATIF

Un paysage de campagne, dépouillé et fouetté par le vent : c'est le destin impitoyable qui survient, brandissant sa faux, l'hiver froid et rude des saisons humaines. La carte de Saturne négatif signifie la tristesse, la mélancolie, le deuil, la vieillesse, la lenteur, la solitude, l'avidité, la méfiance, les obstacles, l'échec, la fatigue, la méchanceté, la superstition, les doutes et les souffrances. Saturne négatif représente les épreuves que l'on n'a pas la force de surmonter, le destin contre lequel l'on n'est pas capable de lutter.

SIGNIFICATIONS DIVINATOIRES

Maison I. Mauvais augure, équivaut à la malchance, aux déceptions, à la difficulté à communiquer, à la timidité, à l'introversion, à l'incapacité d'affronter les situations de la vie.

Maison II. Indique l'avarice, la malchance en affaires, une gestion trop prudente de ses biens, qui ne permet pas de tirer parti des bonnes occasions qui se présentent.

Maison III. Dénote des relations détachées avec les parents ou l'absence totale de relations ; peut également signifier un échec à un examen, un retard, ou bien une mentalité peu adaptée aux études.

Maison IV. Peut se référer à de longues absences des parents pendant l'enfance du consultant, qui ont eu une influence négative sur son caractère. Peut aussi indiquer l'absence du père ou de la mère ou bien des deux parents.

Maison V. Signale des problèmes pour avoir des enfants, la stérilité, une vie sexuelle peu satisfaisante, une frustration sexuelle, des inhibitions, l'incapacité de jouir de la vie et de s'amuser.

Maison VI. Indique des problèmes de santé liés à la fatigue et au stress, des dommages irrémédiables causés à la voiture, problèmes avec les animaux domestiques.

Maison VII. Un mariage ou une relation qui dure depuis trop longtemps, des relations tristes, un conjoint trop sérieux et manquant de légèreté, ou des problèmes relationnels en général.

Maison VIII. Peut se référer à un deuil, à des méditations sur la mort, à une crise intérieure ou religieuse profonde qui amène le consultant à s'éloigner de tout ce qui l'intéressait auparavant dans la vie.

Maison IX. Scepticisme à l'égard de nouvelles idées et philosophies, par rapport auxquelles l'on adopte une attitude extrêmement critique. Peut également indiquer la malchance et des complications en voyage.

Maison X. Pour sa propre réalisation personnelle, l'on est disposé à renoncer à tout, à se renfermer et à étouffer ses émotions et ses faiblesses.

Maison XI. Incapacité à nouer de nouvelles amitiés, tendance à l'isolement, détachement vis-à-vis des autres, manque de sensibilité et d'écoute, incapacité à aider les personnes proches.

Maison XII. Représente une grande souffrance intérieure ou bien des troubles physiques, des problèmes liés à la vieillesse, des difficultés à accepter l'éloignement d'une personne aimée ou la peur de la solitude.

UNIONS AVEC LES AUTRES PLANÈTES

- Saturne et Jupiter indiquent l'ambition et une avidité excessive si une des deux cartes est positive ; lorsque les deux cartes sont négatives, cela indique des accès de faim, de la boulimie ou une avidité qui provoque un grand isolement.
- Saturne et Vénus se réfèrent à des amours malheureuses ou bien à des difficultés à se réaliser dans le domaine artistique.
- Saturne et Mercure indiquent des difficultés à communiquer et, dans les relations, mutisme, isolement, caractère asocial.

URANUS

Uranus est symbolisé par un H majuscule en l'honneur de celui qui l'a découvert (Herschel). C'est la planète du génie, de l'invention, de la rébellion, de l'excentricité, de l'individualisme, de l'imprévu, de la surprise, de tout ce qui est inattendu et explosif. Contrairement à Saturne, qui représente le temps, Uranus est en dehors du temps et de l'espace humain. Il prend son nom du dieu grec du Ciel et de la Foudre : c'est donc la planète de l'électricité, mais également celle des choses nouvelles et des découvertes, car ce dieu fut à l'origine de toutes les choses vivantes.
Uranus possède la force nécessaire pour changer et bouleverser le monde. Cette planète représente également les grands idéaux de fraternité universelle, de collaboration et d'amour de la vérité qui doivent être soutenus à n'importe quel prix.

URANUS DOMINE LE VERSEAU

CORRESPONDANCES

Uranus correspond à la lettre hébraïque *lamed*, qui indique le sacrifice ou un traumatisme violent, mais également un grand enseignement et le chiffre 30. Son métal est l'acier, car il s'agit d'un matériau moderne, résistant, adapté aux constructions. Son animal est le castor, le bâtisseur du règne animal. La pierre d'Uranus est la turquoise, dont la couleur est particulièrement intense, son jour est le samedi ; cette planète gouverne le système nerveux, elle représente le progrès et les nouvelles découvertes.

Uranus révèle son influence sur la vie humaine aux environs de quarante-deux ans. Ce chiffre constitue la moitié de 84, les années nécessaires à cette planète pour faire une révolution autour du Soleil. Dans la vie d'un individu, après quarante-deux ans, cette planète se trouve en opposition parfaite par rapport à la position occupée l'année de la naissance et amène de grands changements. Uranus est associé à des couleurs fortes et bariolées.
L'homme influencé par Uranus se déplace par bonds, il est rapide et s'habille d'une manière excentrique. Il est souvent décoiffé et a toujours du mal à maîtriser sa chevelure rebelle. Son expression est celle d'une personne intelligente et orgueilleuse. La femme influencée par Uranus est également originale : ses cheveux sont souvent d'un roux étincelant et elle ne se préoccupe guère de son aspect. Comme c'est le cas pour Saturne, la vertu de cette planète est la foi.

URANUS POSITIF

Un mur, des engrenages, des dessins, des études à la Léonard de Vinci symbolisent les études des hommes, la capacité de construction, la technologie, le progrès, un esprit actif, curieux et ouvert, tourné vers la nouveauté. C'est la carte des inventeurs, des explorateurs et des révolutionnaires. Elle signifie le progrès, la liberté, l'indépendance, la rébellion, la capacité à oser aller à contre-courant, l'intuition, l'originalité, la nouveauté et le dynamisme.

SIGNIFICATIONS DIVINATOIRES

Maison I. Personnalité originale, peu tolérante à l'égard des conventions, idées nouvelles, désir d'indépendance, inspiration. Il peut y avoir des nouveautés appréciées et intéressantes.

Maison II. Se réfère à une gestion audacieuse, brillante et à l'avant-garde qui peut donner des résultats très positifs et surprenants. Peut également signifier des gains inattendus.

Maison III. Signifie des études prenantes ou la possibilité de conclure rapidement un cursus scolaire. Peut indiquer un intellectuel, un diplôme obtenu par un parent ou une personne proche.

Maison IV. Dénote le désir de nouveautés en famille. Peut également signifier qu'il est conseillé de faire réviser l'installation électrique de la maison, qui risque de provoquer des problèmes.

Maison V. Indique une grande originalité, la recherche de nouvelles techniques pour atteindre le plaisir ou appliquées au domaine de l'art. Si le consultant est un artiste appartenant à un courant d'avant-garde, il trouvera de nouvelles sources d'inspiration.

Maison VI. Amène des changements positifs dans le milieu professionnel ainsi qu'une amélioration des relations interpersonnelles. Peut se référer à l'achat d'une nouvelle automobile.

Maison VII. Signifie que, même si l'on ne se préoccupe guère des formalités et des conventions, tout se passera pour le mieux aussi bien au sein d'un mariage que d'une association.

Maison VIII. Signifie que la mort ne fait pas peur car elle est associée à l'idée d'un changement, ou bien indique le début d'une nouvelle période, la renaissance intérieure ou la recherche d'une nouvelle dimension spirituelle.

Maison IX. Indique une attitude non orthodoxe à l'égard de la religion et de la philosophie, la capacité de créer de nouveaux courants de pensée ou de formuler des critiques originales à propos d'idéologies existantes.

Maison X. Équivaut à un coup de génie qui permet une réalisation immédiate. Il peut s'agir d'une manière nouvelle de travailler, d'un nouvel emploi ou de la possibilité d'un travail indépendant.

Maison XI. C'est l'indice d'amitiés originales ou nouvelles, ou bien d'amis qui partagent les idéaux du consultant.

Maison XII. Signifie des difficultés à surmonter pour pouvoir progresser dans la vie, la nécessité de freiner son impulsivité et d'agir calmement et d'une manière ordonnée.

UNIONS AVEC LES AUTRES PLANÈTES

- Uranus et le Soleil signifient une grande capacité d'intuition, un coup de génie.
- Uranus et Mars distinguent un tempérament révolutionnaire.
- Uranus et la Lune peuvent se référer à une femme en train d'évoluer.

URANUS NÉGATIF

La silhouette stylisée d'un être humain qui écarte les bras face à un projet trop présomptueux : la tour de Babel qui devait servir à démontrer la grandeur humaine a en réalité prouvé uniquement sa petitesse.
La carte d'Uranus négatif signifie un goût exagéré pour l'aventure et des tensions très fortes. Elle indique également l'utopie, le fanatisme, le refus aveugle, le mépris du monde, l'esprit de contradiction, le goût du paradoxe, le désordre, la distraction, la vanité, la séparation, la rupture et les bouleversements.

Significations divinatoires

Maison I. Indique un caractère ayant une faible capacité d'adaptation, obstiné et impulsif. C'est une période de forte tension et d'opposition et il est conseillé de faire preuve de patience et d'écouter les conseils des autres, afin d'éviter des changements désagréables et radicaux dans son existence.

Maison II. C'est le signe d'une situation économique instable qui peut amener un effondrement financier brutal. Il faut être prudent et ne pas se fier à son instinct.

Maison III. Équivaut à des études désordonnées et vaines ou bien à de brusques changements dans les relations avec les frères et sœurs et les amis.

Maison IV. Indique une contestation dans la famille et le manque de patience à l'égard de parents âgés. Il peut s'agir d'un jeune enfant qui se rebelle face à l'autorité de ses parents et décide de partir vivre seul.

Maison V. C'est le signe de tendances à l'homosexualité. Peut se référer à une crise après quarante ans qui amène à adopter des comportements immatures ; les hommes tendent à nouer des relations amoureuses avec des jeunes femmes.

Maison VI. Peut se référer à de petits troubles cardiaques, par exemple une tachycardie ou une arythmie, ou bien à une nervosité, à des moments de tension avec les collaborateurs dans le cadre professionnel.

Maison VII. Signifie qu'il pourrait y avoir des changements inattendus et radicaux pour tout ce qui concerne le mariage ou d'éventuelles associations ; peut également indiquer une séparation.

Maison VIII. Se réfère à des pensées de mort, à la nouvelle d'une mort brutale, au fanatisme religieux ou bien à un changement brutal dans la manière de concevoir son existence.

Maison IX. Il s'agit d'un voyage court, aventureux et risqué ou bien d'un départ imprévu, d'une expatriation.

Maison X. L'esprit anticonformiste et rebelle ne permet pas de s'adapter à un travail subordonné et le consultant en souffre. Nécessité de se lancer dans une activité indépendante.

Maison XI. Changement inattendu dans les amitiés, séparation avec un ami cher ou brusque rupture de relation. Événement négatif concernant les amis.

Maison XII. Incapacité à respecter les horaires et à être à l'heure aux rendez-vous, problèmes avec l'électricité, risques de décharges électriques.

UNIONS AVEC LES AUTRES PLANÈTES

- Uranus et Vénus indiquent des goûts originaux dans le domaine sexuel si une des planètes est négative ; tendances homosexuelles possibles si toutes les deux le sont.
- Uranus et la Lune, quelle que soit la combinaison, se réfèrent à une relation maladive avec la mère ou bien à une mère qui a réprimé ses enfants, ou bien encore à une femme esclave des conventions.
- Uranus et le Soleil indiquent une certaine impatience si une seule des deux cartes est négative, une impatience notable si toutes les deux le sont.

NEPTUNE

♆

Neptune, symbolisé par un trident, qui est une stylisation de la dentition féroce des monstres marins, est la planète de l'irrationnel, de l'eau, de la réceptivité, de l'évasion, de la peur, de l'inconscient et de l'oubli, de la pénombre. La divinité qui lui donne son nom est le dieu des eaux et l'eau est son élément, une eau primordiale dont est née toute chose mais dans laquelle toute chose se perd. De la mer de Neptune peut resurgir la conscience, mais on peut également s'y perdre complètement, tout oublier et se noyer. Neptune est à l'origine de rêves prémonitoires et de la folie, de l'intuition la plus profonde et de la dissolution de son identité propre (drogue, dépendance par rapport à l'alcool, envoûtement).

NEPTUNE DOMINE LES POISSONS

CORRESPONDANCES

ט

Son métal est le plus précieux de tous : le platine. Son animal est la mouette, capable de voler haut puis de descendre en piqué sur la mer. Sa couleur est le bleu marine, son bijou est la perle, le jour le jeudi. Neptune est lié à l'eau et à l'inconscient et, avec Mercure, il gouverne la respiration et la psyché. Il correspond à la lettre *teth* de l'alphabet hébraïque qui indique la prudence et désigne la lanterne qui éclaire l'obscurité de l'inconscient. Cette lettre est liée au chiffre 9 et est attribuée également au neuvième arcane des tarots, l'Ermite, symbole de méditation. Ceux qui sont influencés par Neptune

aiment la mer, ce sont des personnes silencieuses et profondes, souvent distraites, qui parlent peu. Les hommes sont sensibles et ont une âme poétique, leurs mains sont longues et belles, ils aiment porter les cheveux longs. Les femmes sont très romantiques et féminines.
La vertu de cette planète est l'espérance comme pour Jupiter ; l'âge est celui des rêves : l'adolescence. Les infrarouges et les ultraviolets appartiennent à Neptune.

NEPTUNE POSITIF

Sur une mer calme d'un bleu intense, un phare envoie des signaux aux bateaux qui, après leur voyage, pourront, grâce à lui, rentrer au port en toute sécurité. Cette carte symbolise le voyage de la connaissance, l'évolution de l'esprit. Les caractéristiques de la carte positive de Neptune sont une extraordinaire sensibilité et des sentiments d'amour et de communion universelle. On peut attribuer à cette carte des dons de médium, la magie, l'extase, la poésie, l'imagination, les rêves prophétiques, l'illumination, le romantisme, la réceptivité, l'altruisme, la profondeur et les dons artistiques.

Significations divinatoires

Maison I. Se réfère à un caractère sensible, à une âme poétique et rêveuse, à une personnalité complexe, à des sentiments nobles, à des objectifs humanitaires ou à l'intention de participer à des groupes ou associations.

Maison II. Indique une nature qui n'est pas intéressée par l'argent, considéré comme de peu d'importance pour parvenir au bonheur. Malgré tout, des intuitions facilitant les gains sont possibles.

Maison III. Favorise l'étude des sciences occultes, l'intérêt pour la poésie et les matières littéraires.

Maison IV. Mystères et secrets concernant la famille d'origine. Pressentiments.

Maison V. Peut signifier une aptitude pour la natation, la pêche ou d'autres sports aquatiques ou bien des rêves prémonitoires qui permettent de gagner au jeu. Fantaisies sexuelles.

Maison VI. Indique un milieu professionnel fantaisiste et désordonné, mais également une étroite collaboration avec les collègues. Peut signifier que le consultant apprécie le travail en équipe.

Maison VII. Indique de la fantaisie dans les relations matrimoniales, une relation correspondant à ses idéaux, la conquête du partenaire dont on rêve.

Maison VIII. Signale une âme particulièrement sensible, des dons médiumniques et une grande spiritualité. C'est le moment de s'intéresser à l'occultisme et à l'ésotérisme. On peut faire des rêves prémonitoires.

Maison IX. Indique un voyage en mer ou bien un pèlerinage, un parcours intérieur, tortueux et difficile, à la recherche d'une vérité supérieure, ou bien la fuite d'un monde que l'on refuse et que l'on ne reconnaît pas comme sien.

Maison X. C'est le signe de grands succès dans le domaine artistique. Cela est positif en particulier pour ceux qui s'intéressent au cinéma et écrivent des romans ou des nouvelles fantastiques, des fables ou des poésies, ou bien pour les peintres.

Maison XI. Signifie des amitiés entre artistes ou bien la solidarité avec les marginaux. Le consultant se consacre probablement au soutien des alcooliques ou des toxicomanes ou s'occupe de problèmes sociaux.

Maison XII. Se réfère aux épreuves que l'on a dû subir pour achever son évolution intérieure, la réalisation d'un vieux rêve.

UNIONS AVEC LES AUTRES PLANÈTES

- Neptune et Vénus signifient un succès dans le domaine artistique, de la sensibilité et un esprit romantique ; c'est une union particulièrement positive surtout si elle a lieu dans la Maison X.
- Neptune et la Lune indiquent des pouvoirs occultes, des rêves prémonitoires et une capacité de clairvoyance.

NEPTUNE NÉGATIF

Un enfant est assis par terre, les jambes repliées, en position défensive. Il a peur. Autour, tout est sombre et une ombre le menace. Neptune négatif signifie la confusion mentale, la dissolution, l'illusion, l'hallucination, la vulnérabilité, un caractère impressionnable, la soumission, les complexes d'infériorité, l'hésitation, la peur, l'immaturité, l'incohérence, l'inconsistance, la tromperie et les mystères.

SIGNIFICATIONS DIVINATOIRES

Maison I. Révèle le besoin d'évasion, la confusion mentale, l'absence de projets concrets. Le consultant est une personne faible qui dépend des autres.

Maison II. C'est le refus des biens terrestres qui amène à se désintéresser complètement de sa situation financière ; gestion chaotique de ses ressources.

Maison III. Se réfère aux frères et sœurs, ou aux personnes proches, capables d'influencer notre jugement, ou bien à une faible aptitude aux études scientifiques. Caractérise un étudiant trop distrait.

Maison IV. Indique la nécessité de couper ses racines. Signale une personne qui n'aime pas s'arrêter trop longtemps au même endroit, qui ne possède pas de foyer, ou bien présage d'une expulsion, de la nécessité d'abandonner sa maison. Peut également se référer à un nomade.

Maison V. Dénote une passion exagérée pour le jeu, une imagination sexuelle morbide ou bien l'abus de tabac ou d'alcool.

Maison VI. Souvent, l'on se perd dans des rêves de situations professionnelles gratifiantes, alors que l'on pourrait concentrer son énergie pour améliorer son emploi actuel. Intoxication médicamenteuse possible.

Maison VII. Rend excessivement idéaliste en amour et difficile à satisfaire. Cela amène des déceptions continuelles, la quête perpétuelle d'une âme sœur qui, en réalité, n'existe pas.

Maison VIII. Signale des peurs irrationnelles ou une crise intérieure profonde de laquelle il est difficile de sortir sans aide. Le consultant est plongé dans un abîme dont il ne réussit pas à sortir.

Maison IX. C'est la nostalgie due à l'éloignement, à l'exil. Peut indiquer la disparition de quelque chose ou de quelqu'un, des voyages considérés comme une fuite de la réalité, la consommation de drogues, d'alcool ou de médicaments, substances pouvant altérer l'état de conscience.

Maison X. Idées trop confuses qui amènent des changements d'activités fréquents, qui empêchent de parvenir au succès et de se réaliser professionnellement.

Maison XI. Se réfère à des amitiés équivoques et au risque de se laisser dominer par des individus qui se présentent pourtant comme des amis.

Maison XII. Indique une dépression nerveuse, un équilibre psychique fragile, des crises dépressives, un complexe d'infériorité, une dépendance par rapport à la drogue, à l'alcool ou aux médicaments. Il faut cesser de fumer pour éviter des problèmes respiratoires.

UNIONS AVEC LES AUTRES PLANÈTES

- Neptune et Mercure, négatifs tous deux, indiquent une noyade possible.
- Neptune et Jupiter (l'un et l'autre négatifs) peuvent signifier de grands pouvoirs sensitifs qui obscurcissent la lucidité mentale ou bien une sensibilité excessive qui empêche de voir les choses comme elles sont réellement. Ces deux planètes, lorsqu'elles sont négatives, indiquent une irresponsabilité qui entame les ressources financières ou bien un comportement alimentaire déviant.
- Neptune et Saturne dénotent une inhibition, des peurs, la crainte des autres.

PLUTON

♇

Pluton est la planète du renouvellement, de la nouveauté. Si Neptune représente la pénombre, Pluton est la planète de l'obscurité la plus totale et le nom qu'il porte est en fait lié au dieu des Enfers.

Sa signification est très contradictoire car elle est liée à la construction et à la destruction, à la fin mais aussi au début. En divination, la présence de cette carte donne une signification précise à la situation à propos de laquelle le consultant se pose des questions : si elle est positive, elle indique le succès et la reprise et elle rend favorable la signification de toutes les autres cartes ; si elle est négative, elle détermine un verdict funeste.

PLUTON DOMINE LE SCORPION

CORRESPONDANCES

ר

Pluton correspond à la lettre *resh*, liée au chiffre 200. Son métal est le zinc, un élément précieux pour qui doit accomplir de gros efforts. La pierre de Pluton, l'hématite, est sombre comme les ténèbres ; son animal est également une créature des ténèbres : c'est la chauve-souris. Pluton gouverne les organes sexuels et sa journée est le jeudi. Pluton équivaut aux énergies potentielles de chacun d'entre nous, qui peuvent se manifester ou rester cachées, être orientées vers le bien ou vers le mal. Pour cette raison, on attribue à Pluton des couleurs chatoyantes, indéfinies, tout comme rien n'est défini dans ses caractéristiques.

Pluton confère aux hommes et aux femmes qu'il gouverne un teint pâle et un visage aux traits marqués, des pommettes saillantes. Les hommes sont névrosés et ont tendance à prendre des décisions inattendues. Les femmes changent souvent de coiffure et de couleur de cheveux.
Sa vertu est la charité, comme c'est le cas pour Mars. Son âge est vingt et un ans, le temps que la planète met pour passer d'un signe à l'autre.

PLUTON POSITIF

L'on voit représentés les outils de construction les plus simples, les forces nécessaires pour recommencer à vivre après une expérience difficile. Une carte de Pluton positive signifie le renouvellement intérieur, l'amélioration, les impulsions irrépressibles, la capacité à se réaliser, la guérison, la reconstruction et la sexualité.

SIGNIFICATIONS DIVINATOIRES

Maison I. C'est un excellent signe. Représente la réalisation de toutes possibilités. D'éventuelles situations négatives peuvent être finalement résolues. Le consultant a en lui une grande force intérieure qui l'aide et lui permet de rendre positives toutes les expériences qu'il traverse.

Maison II. Peut indiquer un archéologue ou un restaurateur ou bien la découverte d'argent que l'on ne pensait pas posséder. Compte en banque secret.

Maison III. Est favorable aux études d'ingénierie et d'architecture, aux expériences ou aux sciences appliquées.

Maison IV. Indique une situation familiale étrange, des appuis inattendus de la part de la famille, des projets de rénovation de sa maison, l'intention de faire restaurer un objet ancien.

Maison V. Équivaut à des enfants dotés de grandes qualités, de capacités artistiques, indique des satisfactions sexuelles, la possibilité d'exceller en sport.

Maison VI. Révèle de nouveaux rapports professionnels, plus positifs, guérison d'une maladie ou intervention chirurgicale qui améliorent l'aspect physique et font paraître plus jeune.

Maison VII. Se réfère à un nouveau lien, au retour de la personne aimée après une période de crise ou bien à la capacité renouvelée de tomber amoureux.

Maison VIII. C'est un signe de capacité à recommencer, qui permet de redresser la tête lorsque l'on a connu des situations qui semblaient sans issue.

Maison IX. Amène des voyages intéressants dans des lieux lointains et mystérieux. Ces voyages ont un effet positif sur la personnalité du consultant.

Maison X. Idées géniales qui peuvent amener une grande réalisation au niveau personnel et au succès. Reprise dans une carrière que l'on croyait terminée.

Maison XI. Suscite de grandes amitiés ou incite à retrouver des amis que l'on croyait perdus. Peut indiquer la possibilité d'aider un ami.

Maison XII. C'est la capacité à surmonter toutes les épreuves ou obstacles sans jamais succomber. Peut se référer à un médecin, à un psychologue ou à une personne qui possède des capacités de guérison.

UNIONS AVEC LES AUTRES PLANÈTES

- Pluton et le Soleil signifient la capacité à surmonter les obstacles.
- Pluton et la Lune indiquent des pouvoirs occultes et de la sensibilité.
- Pluton et Jupiter indiquent des capacités culinaires.

PLUTON NÉGATIF

Un bâtiment moderne est détruit par un incendie. Au moment où l'on conclut une œuvre, l'influence négative de Pluton est particulièrement funeste et peut, en un seul instant, réduire à néant le travail accompli pendant des années. Cette carte révèle, en fait, une force destructrice, une crise profonde, de l'égoïsme, de la méchanceté, de l'hostilité et des contradictions.

SIGNIFICATIONS DIVINATOIRES

Maison I. Révèle un esprit profondément négatif qui voit tout en noir. Le consultant ne réussit pas à trouver de solutions même face aux problèmes les plus simples : il se noie dans un verre d'eau.

Maison II. Équivaut à une ruine financière, à des moyens peu licites pour se procurer de l'argent.

Maison III. C'est le signe d'une absence d'aptitudes pour les études. Peut également se référer à des jalousies entre frères et sœurs, ou à la fin de relations.

Maison IV. Représente des secrets concernant la paternité ou bien de très mauvaises relations avec les parents. Peut également concerner l'habitation des parents, l'intention de la vendre ou de la démolir.

Maison V. Indique des perversions sexuelles, un goût pour le jeu de hasard qui peut amener à la ruine.

Maison VI. Signifie que le talent et la créativité ne peuvent s'exprimer dans un milieu professionnel rétrograde dans lequel les initiatives personnelles et les innovations en tout genre ne sont pas appréciées.

Maison VII. Équivaut à la fin d'un mariage, d'une relation, ou bien à une crise matrimoniale profonde, à la dissolution d'une société ou d'un groupe.

Maison VIII. Tendances autodestructrices, craintes excessives de la mort, crises graves et récurrentes qui jettent l'individu dans un état de prostration.

Maison IX. Met en garde à propos de voyages qui pourraient s'avérer dangereux. Possibilité d'abîmer ou de détruire son véhicule.

Maison X. Indique la fin d'une carrière, un licenciement ou une mise à la retraite, ou bien peut se référer à des faits qui compromettent la carrière.

Maison XI. C'est la fin d'une amitié ou bien la présence d'ennemis féroces ayant l'intention de provoquer de graves dégâts.

Maison XII. Obstacles qui empêchent la réalisation personnelle ou bien incapacité de sortir d'une période de crise et de surmonter les épreuves.

UNIONS AVEC LES AUTRES PLANÈTES

- Pluton négatif et Pluton positif annulent leurs forces et équivalent à un moment de stagnation et d'immobilité.
- Pluton et Saturne tous deux négatifs amènent l'autodestruction ; dans le cas d'une seule carte négative, cela indique une attitude très dure et critique envers soi-même.
- Pluton et Mars indiquent des intentions de vengeance, contrôlables et plutôt modérées si une seule des deux cartes est négative, franchement violentes si elles le sont toutes les deux.

SYNTHÈSE DES COMBINAISONS DE CARTES

	Soleil	*Lune*	*Mercure*	*Vénus*	*Mars*
Soleil		équilibre, couple	grandes capacités d'observation	amour pour un homme, admiration, mariage heureux	capacité à lutter pour vaincre
Lune	équilibre, couple		capacité à exprimer ses sentiments	grossesse	grossesse après une difficulté
Mercure	capacité d'observation	capacité à exprimer ses sentiments		amitiés, affinités intellectuelles	capacité à imposer ses opinions, succès en affaires
Vénus	amour pour un homme, admiration, mariage heureux	grossesse	amitiés, affinités intellec-tuelles		passion
Mars	capacité à lutter pour vaincre	grossesse après difficultés	capacité à imposer ses opinions, succès en affaires	passion	
Jupiter	bienveillance et protection, chance et honneurs	protection accordée par une femme	succès dans la vie publique	procréation	succès ou conquêtes
Saturne	chance	sagesse féminine, timidité	intelligence profonde	mariage tardif	lutte contre soi-même
Uranus	intuition	change-ments chez une femme	inventions	changements positifs	tempéra-ment révolution-naire
Neptune	spiritualité	clair-voyance	intérêt scien-tifique pour les sciences occultes	romantisme	courage
Pluton	capacité à surmonter les obstacles, naissance	sensibilité, pouvoirs occultes	intuition en affaires	relation amoureuse de courte durée	tempéra-ment révolution-naire

POSITIVES

Jupiter	*Saturne*	*Uranus*	*Neptune*	*Pluton*
bienveillance et protection, chance et honneurs	chance	intuition	spiritualité	capacité à surmonter les obstacles, naissance
protection accordée par une femme	sagesse féminine, timidité	changement chez une femme	clair-voyance	sensibilité, pouvoirs occultes
succès dans la vie publique	intelligence profonde	inventions	intérêt scientifique pour les choses occultes	intuition en affaires
procréation	mariage tardif	changements positifs	romantisme	relations amoureuses de courte durée
succès ou conquêtes	lutte contre soi-même	tempérament révolution-naire	courage	témérité
	sagesse	optimisme	immensité, infini, succès artistique	habileté culinaire
sagesse		idées philo-sophiques	prémoni-tions	grande résistance
optimisme	idées philo-sophiques		idéalisme	des objectifs importants sont atteints
immensité, infini, succès artistique	prémo-nitions	idéalisme		grandes intuitions
habileté culinaire	grande résistance	objectifs importants atteints	grandes intuitions	

SYNTHÈSE DES COMBINAISONS DE CARTES

	Soleil	*Lune*	*Mercure*	*Vénus*	*Mars*
Soleil		problèmes de couple, personnes qui se font du mal	escroquerie	amour non partagé	homme violent
Lune	problèmes de couple, personnes qui se font du mal		incompré-hension	amour déçu	problèmes de grossesse
Mercure	escroquerie	incompré-hension		mariage d'intérêt	procès
Vénus	amour non partagé	amour déçu	mariage d'intérêt		relations violentes
Mars	homme violent	problèmes de grossesse	procès	relations violentes	
Jupiter	tyran	femme envahissante et étouffante	critiques envers ceux qui détiennent le pouvoir	utilisation de son charme pour obtenir des faveurs personnelles	rébellion violente
Saturne	malchance	femme seule	mutisme, isolement	amour malheureux	agression
Uranus	impatience	mauvaises relations avec la mère	agitation	tendances homo-sexuelles	inventions dangereuses
Neptune	ambiguïté	dépendance	risques en mer	absence de réalisme	présomption
Pluton	lutte pour le pouvoir	ruine pour une femme	critiques féroces, cynisme	possessivité	vengeance

NÉGATIVES

Jupiter	*Saturne*	*Uranus*	*Neptune*	*Pluton*
tyran	malchance	impatience	ambiguïté	lutte pour le pouvoir
femme envahissante et étouffante	femme seule	mauvaises relations avec la mère	dépendance	ruine pour une femme
critiques envers ceux qui détiennent le pouvoir	mutisme, isolement	agitation	risque en mer	critiques féroces, cynisme
utilisation de son charme pour obtenir des faveurs personnelles	amour malheureux	tendances homo-sexuelles	manque de réalisme	possessi-vité
rébellion violente	agression	inventions dangereuses	présomption	vengeance
	avidité, boulimie	obstination	manque de sens des responsabi-lités	esprit destructeur
avidité, boulimie		esprit vague, manque de sens pratique	inhibition	auto-destruction
obstination	esprit vague, manque de sens pratique		chaos	grands boulever-sements
manque de sens des res-ponsabilités	inhibition	chaos		confusion
esprit destructeur	auto-destruction	grands boulever-sements	confusion	

SYNTHÈSE DES COMBINAISONS DE CARTES

PLANÈTES NÉGATIVES \ PLANÈTES POSITIVES	*Soleil*	*Lune*	*Mercure*	*Vénus*	*Mars*
Soleil	incohérence	homme abusant de son pouvoir	escroquerie	amour non partagé	homme agressif
Lune	esclavage de la femme	femme en crise	incompréhensions	amour pour une femme méchante	problèmes de grossesse
Mercure	litiges avec un homme	incompréhensions	changements	passion pour le jeu	mots agressifs
Vénus	amour non partagé	femme malheureuse en amour	dépenses inutiles	sentiments compliqués	adultère
Mars	homme trop énergique	problèmes de grossesse	mots agressifs	adultère	énergies opposées ou mal orientées
Jupiter	chef inflexible	grosse femme	critiques envers ceux qui détiennent le pouvoir, discours excessif	possessivité	fort sentimen[t] d'indépendance
Saturne	difficultés	femme seule	difficultés de communication	difficultés dans le domaine artistique	méfiance
Uranus	impatience	relations difficiles avec la mère	volonté de rébellion	goûts sexuels particuliers	force destructrice
Neptune	personne en crise	manque de sens des réalités	discours sans fondement	goût pour les films et les récits d'horreur	épouvante
Pluton	homme ruiné	femme ruinée	sens critique excessif, agitation	désir de punition	intentions de vengeanc[e]

POSITIVE ET NÉGATIVE

Jupiter	*Saturne*	*Uranus*	*Neptune*	*Pluton*
chef inflexible	ralentissement de la course vers le succès	impatience	personne peureuse	retour d'une personne malveillante
femme tyrannique	femme âgée	relations difficiles avec la mère	imagination excessive	désir d'aventure déçu
critiques envers ceux qui détiennent le pouvoir	difficultés à communiquer	utopie	discours sans fondement	sens critique excessif, agitation
jalousie	difficultés dans le domaine artistique, amour malheureux	goûts sexuels particuliers	amours inventées	perversions
sens de l'indépendance accentué	méfiance	changements violents	envoûtement	intentions de vengeance
stabilité, immobilité	ambition excessive	perte due à des décisions soudaines	manque de lucidité	ambitions excessives
ambitions excessives	destin	changement de destin brutal	peurs anciennes	attitude dure envers soi-même
incapacité à prendre une décision	égocentrisme	caractère génial	changements de manière de penser	bouleversements
manque de lucidité	peurs anciennes	peur des changements	personne profonde et sensible, crise intérieure	incapacité à être constructif
pouvoir utilisé pour faire du mal	attitude dure envers soi-même	involution	fantaisie destructrice	stagnation

Vous pouvez utiliser ces tableaux pour avoir une vision globale des différentes combinaisons des cartes des planètes ou pour procéder à une divination rapide et immédiate. En effet, si vous souhaitez connaître immédiatement la réponse des cartes sur une question qui vous tient à cœur (l'amour, le travail, la famille, etc.) voici le système le plus simple : tirez deux cartes et recherchez leurs significations dans ces tableaux.

LA CHANCE ET LA MALCHANCE

Pour la réalisation de la carte de la Chance, nous nous sommes inspirés de la notion astrologique de « Part de fortune », un point particulier du zodiaque où se retrouvent le Soleil, la Lune et l'ascendant, et que les astrologues calculent sur la base de données mathématiques complexes. Ce qui nous intéresse, ici, c'est simplement la valeur positive de ce point et donc de la carte elle-même.
Dans le jeu, nous avons voulu inclure également la carte de la Malchance qui, rappelons-le, n'existe pas en astrologie.
Dans les jeux proposés à la fin du livre, la Chance et la Malchance atténuent ou accentuent la signification des autres cartes, les rendant plus ou moins positives. Elles peuvent même, parfois, donner le « verdict » définitif.

CHANCE

Cette déesse aux yeux bandés porte une tunique blanche et ses cheveux bouclés sont étalés sur ses épaules. Elle se trouve dans une atmosphère lumineuse et elle sourit sans savoir à qui. C'est ainsi que l'on aime à se représenter le sort, qui peut, en un instant, changer le destin d'une personne. Des énergies bénéfiques imprévues et constructives parviennent à résoudre des situations qui semblaient désespérées, amènent la gloire, l'amour et l'argent. Cette carte souligne que ceux qui réussissent dans la vie ne doivent pas s'en glorifier car il arrive que le succès survienne indépendamment des mérites personnels. Toutefois, même si le hasard a un poids très important dans certaines occasions, il ne faut jamais oublier que l'initiative personnelle et la capacité à saisir les occasions favorisent beaucoup la chance.

La signification de cette carte est la chance, les occasions propices, les avantages inattendus, des bénéfices inespérés, le succès et la faveur du destin.

MALCHANCE

Sur un tissu de velours rouge, un chat noir regarde fixement devant lui. Derrière, apparaît un miroir brisé. Ce sont certains des symboles le plus souvent associés à l'idée de destin adverse, de mauvais sort.
En fait ce sont les symboles de la superstition car, souvent, il n'y a pas pire malchance que de se croire malchanceux. Le pessimisme et le manque de confiance dans l'avenir ne favorisent certainement pas la réalisation personnelle et rendent encore plus difficilement surmontables les obstacles et les épreuves de la vie. Parfois, en revanche, un événement défavorable peut stimuler l'imagination et les ressources personnelles suscitant la maturation et le développement intérieur.
La carte de la Malchance invite à rechercher au fond de soi les raisons pour lesquelles le destin nous semble adverse. C'est une carte qui indique l'immobilisme et les insatisfactions, les pertes imprévues, les complications, les problèmes, la faiblesse, les surprises désagréables.

LA TÊTE ET LA QUEUE DU DRAGON

Du point de vue astrologique, les nœuds lunaires, appelés également Tête et Queue du Dragon, sont deux points virtuels de l'espace où l'orbite lunaire coupe le plan de l'orbite terrestre. Pour simplifier, nous pourrions dire qu'il s'agit de deux zones de l'horoscope que tout le monde possède : une dont on peut recevoir les bénéfices (nœud lunaire I ou Tête du Dragon) et une qui suscite des difficultés (nœud lunaire II ou Queue du Dragon).

TÊTE DU DRAGON

Cette carte signifie la domination, la chance et l'argent. Elle regroupe les meilleures influences de Vénus et de Jupiter et augmente les potentialités bénéfiques des cartes des planètes qui lui sont proches.
Lorsqu'elle est associée à la carte positive de Vénus, en particulier, elle signifie une grande chance en amour et le succès dans le domaine artistique ; associée à Jupiter positif, elle signifie le succès dans les autres domaines. Sur la carte apparaît au premier plan la tête d'un dragon. Il ne crache pas de feu et son expression n'est pas agressive mais simplement attentive et pleine de vivacité. Il inspire du respect plus que de la crainte. Ce pourrait être le gardien d'un trésor antique. Le fait de pouvoir compter sur son aide à tout moment est une garantie de salut.

QUEUE DU DRAGON

Cette carte reçoit les influences les plus négatives de Saturne et de Mars, elle affaiblit les effets positifs des cartes des planètes et, bien entendu, accentue les aspects négatifs. Associée à Mars négatif, elle signifie des disputes graves et le risque de blessures, tandis que, lorsqu'elle est associée à Saturne, elle indique un abandon.

La Queue du Dragon qui marche dans les prés semble être un fouet, prêt à entrer en action. C'est bien ainsi que les choses se passent : la queue, longue et robuste, peut devenir plus dangereuse qu'une arme et chacun de ses coups peut amener des pertes matérielles et l'abandon.

JEUX ET RITES PROPITIATOIRES

LES JEUX

Après avoir pris connaissance de la signification des cartes et des principales combinaisons, c'est le moment d'apprendre à les consulter en vous exerçant avec les jeux que nous vous proposons. Sur cette base, vous pourrez en inventer de nouveaux, en suivant votre inspiration. La consultation peut porter sur soi-même ou sur quelqu'un d'autre, qu'il soit présent ou non. Dans ce dernier cas, il faudra se concentrer sur la personne absente. N'oubliez pas que le cartomancien ne doit laisser personne toucher le jeu de cartes, sauf le consultant qui pourra choisir les cartes mais pas les disposer sur la table.
Tous les jeux qui suivent sont illustrés d'exemples simulant des situations réelles.

Jeu du Ciel

Pour ce jeu, il faut disposer de deux dés. Le jeu permet de prévoir ce qui se passera dans les différents domaines de la vie. Le cartomancien, après avoir retiré du jeu les cartes des Élements, prend celles des Maisons et les dispose en cercle, dans le sens opposé à celui des aiguilles d'une montre, en commençant par la Maison I. Ensuite, il mélange les autres cartes, un nombre impair de fois, en choisit treize qu'il laisse couvertes. Pour chaque carte, il jette les dés, de manière à savoir dans quelle Maison placer la carte (étant donné qu'en jetant deux dés il est impossible de tirer la Maison I, on considère que la combinaison de 6 et 1 correspond à 1). Il peut arriver que dans certains secteurs (c'est-à-dire les Maisons) il n'y ait aucune carte ; cela signifie qu'à ce moment-là, dans ce secteur, aucun événement particulièrement important n'est en cours ni prévu. Si plusieurs planètes sont concentrées dans le même secteur, cela signifie que celui-ci est important. Il faudra interpréter la réponse des cartes en tenant compte des relations entre les différentes planètes. Pour favoriser l'interprétation, nous résumons la signification des douze Maisons astrologiques.

RÉSUMÉ DES SIGNIFICATIONS DES DOUZE MAISONS

Maison I : se réfère au consultant en personne et indique ses dispositions et son état d'âme.

Maison II : indique les biens matériels et l'argent.

Maison III : se réfère aux frères et sœurs ou autres parents tels que les cousins, les oncles et les neveux, à des contacts immédiats, à l'éducation et à la culture.

Maison IV : c'est la Maison des parents, indiquant les racines.

Maison V : représente l'activité sexuelle, les enfants, l'envie de s'amuser.

Maison VI : c'est celle de la santé, de la constitution physique et du travail.

Maison VII : c'est le monde des relations, des associations et du mariage.

Maison VIII : indique l'au-delà, les relations que nous avons avec la spiritualité, les changements intérieurs.

Maison IX : c'est la Maison des voyages, matériels ou spirituels, indique l'amour et l'intérêt pour les autres pays et cultures.

Maison X : se réfère à la carrière, aux succès professionnels.

Maison XI : indique les amitiés, les affinités, les protections.

Maison XII : se réfère aux obstacles, aux épreuves, aux inimitiés.

Premier exemple

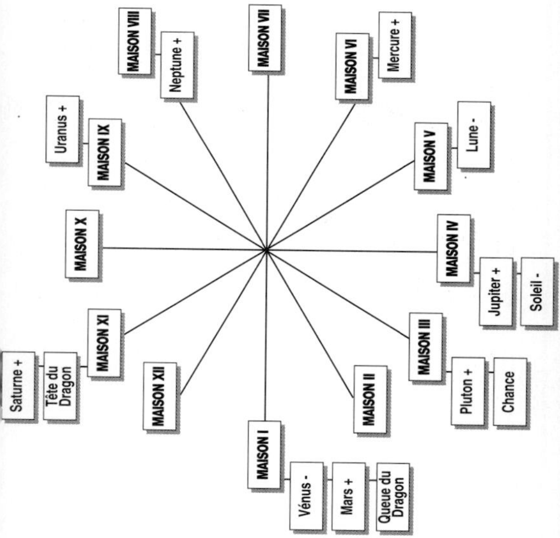

Maison I. *Mars positif, Vénus négative, Queue du Dragon.* C'est une association de cartes défavorable, donnée par la présence de deux cartes négatives. Elle indique que le consultant traverse une crise sentimentale (Vénus) et qu'il lui faudra pendant cette période lutter et faire face à des disputes désagréables (Mars). On pourra éventuellement en arriver à une véritable rupture (Vénus négative).

Maison III. *Pluton positif* et *Chance.* Pluton n'est pas toujours une planète positive mais, dans ce cas, se trouvant à proximité du point de la Chance, il l'est. Cette combinaison indique que de nouveaux intérêts culturels (nouveaux parce que Pluton est la planète de la transformation) pourront apporter de grandes satisfactions au consultant.

Maison IV. *Jupiter positif* et *Soleil négatif.* Indique des appuis et de l'aide apportés par la famille d'origine. Le Soleil et Jupiter amènent de l'affection, de la joie et des événements positifs mais, dans ce cas, cela ne suffit pas pour rétablir complètement la sérénité (Soleil négatif).

Maison V. *Lune négative.* Désir de maternité déçu.

Maison VI. *Mercure positif.* Confirme ce que nous avons vu dans la Maison III. Dans ce secteur, qui est celui du travail, se trouvent des activités culturelles intéressantes (Mercure).

Maison VIII. *Neptune positif.* La planète des sentiments se trouve dans la Maison de la spiritualité et indique des nouveaux choix intérieurs après des moments de crise.

Maison IX. *Uranus positif.* Indique du nouveau dans le secteur des voyages. Se réfère aux voyages au sens figuré, c'est-à-dire à des expériences nouvelles et originales.

Maison XI. *Saturne positif, Tête du Dragon.* Avec cette association positive, Saturne, la planète de la sagesse, peut signifier que l'on a des amis sages ou bien présager la rencontre avec un guide spirituel.

RÉPONSE GLOBALE

Le consultant (dans ce cas, une femme) éprouve un désir intense d'être mère et traverse une grave crise dans son couple. Ce moment douloureux l'aide toutefois à se retrouver, grâce à une transformation intérieure importante et à l'amour de personnes chères.

DEUXIÈME EXEMPLE

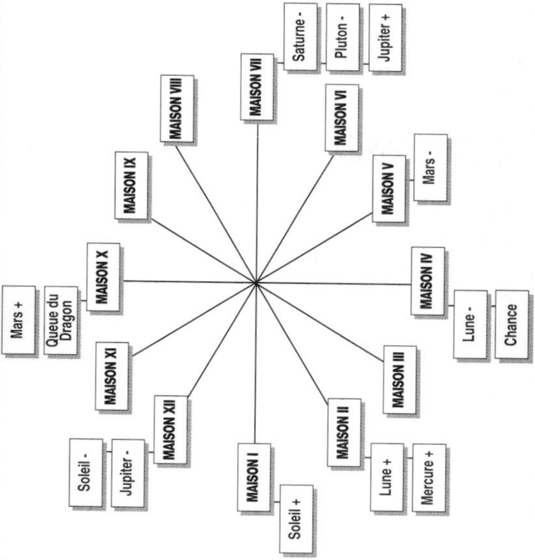

Maison I. *Soleil positif.* Le consultant se trouve dans d'excellentes conditions psychologiques et physiques, il est serein et optimiste : cette donnée est confirmée par le fait qu'il n'y a pas de planète dans la Maison VI, qui est celle de la santé.

Maison II. *Lune positive, Mercure positif.* Un achat dont on a longtemps rêvé (Lune positive dans la Maison des biens matériels), comme l'acquisition de la maison de ses rêves, se concrétise à ce moment-là (Mercure positif indique qu'il s'agit d'une bonne affaire, d'un point de vue financier).

Maison IV. *Lune négative, Chance.* Relations difficiles avec la mère ou problèmes de santé concernant cette dernière (Lune négative). Ces difficultés sont résolues d'une manière imprévue, alors que toutes solutions semblaient impossibles (Chance).

Maison V. *Mars négatif.* Dans la case du sexe et du divertissement, Mars négatif indique un gaspillage excessif d'énergie qui pourrait être utilisée dans d'autres secteurs.

Maison VII. *Saturne négatif, Pluton négatif, Jupiter positif.* La bonne influence de Jupiter, planète de l'expansion et de la coordination, est annulée par les deux autres Élements négatifs qui rendent ces bons influx contre-productifs et qui amèneront des changements importants (Pluton négatif) et malheureux (Saturne négatif) dans les associations. Par exemple, le choix d'entreprendre un travail indépendant (Saturne est la planète de la solitude) ou bien de changer de collaborateurs pourrait nuire aux projets du consultant.

Maison X. *Mars positif, Queue du Dragon.* L'énergie et la force de volonté de Mars sont atténuées par la Queue du Dragon. Dans le secteur de la carrière, représenté par cette Maison, le consultant ne réussit pas encore à remporter les luttes qu'il a engagées, malgré ses efforts.

Maison XII. *Soleil négatif, Jupiter négatif.* La forte personnalité du consultant se transforme en égocentrisme et son besoin de s'imposer se mue en un véritable désir de domination (Soleil négatif) ; par conséquent, il ne réussit pas à s'assurer l'appui, la collaboration de ceux qui l'entourent (Jupiter négatif). Il s'attire seulement des ressentiments.

RÉPONSE GLOBALE

Le consultant (dans ce cas, un homme ambitieux) est doté d'une forte personnalité et de beaucoup de qualités pour réussir dans la vie. Dans ce moment particulier, il a de la chance et il s'apprête à réaliser un projet longtemps caressé (l'achat de la maison). Dans le domaine affectif, la situation s'améliore, mais, à cause de son égocentrisme et de son ambition, il sous-estime parfois les problèmes et s'attire certaines inimitiés, surtout dans le domaine professionnel.

Jeu des douze Maisons

Pour avoir une idée globale du cours des événements dans les différents domaines de la vie, outre le jeu du ciel, présenté plus haut, il en existe un autre, utilisant cette fois toutes les cartes, qui sont disposées selon un schéma différent. Le cartomancien sépare les cartes des Maisons des autres, obtenant deux jeux. Les deux jeux doivent être mélangés séparément, en faisant glisser les cartes couvertes, les unes sur les autres, un nombre impair de fois. Le consultant tire ensuite alternativement une carte couverte du jeu des Maisons et une carte couverte du jeu des autres cartes, puis passe les cartes choisies au cartomancien ; celui-ci pose à côté de chaque carte des Maisons une carte de l'autre jeu. Une fois le jeu des cartes des Maisons terminé, le consultant choisit les autres cartes couvertes, en recommençant à les placer à proximité de la première carte des Maisons tirée au sort et ainsi de suite jusqu'à ce que les cartes soient terminées. À la fin, les huit dernières cartes des Maisons auront deux cartes placées à côté d'elles tandis que les quatre premières en auront trois.
Dans ce jeu, les quatre cartes des Élements jouent un rôle essentiel. Dans les cas où elles se trouvent à proximité de leur planète (l'Air près de Jupiter, l'Eau près de Vénus, le Feu près de Mars et la Terre près de Saturne) ces cartes en accentuent notablement la signification ; dans les autres cas, elles renforcent les caractéristiques du secteur dans lequel elles se trouvent. Par exemple, Vénus positive à proximité de l'Eau indique un grand amour ; Vénus négative signifie que le sentiment n'est pas partagé ou qu'il s'agit d'un amour malheureux, mais, dans les deux cas, ce fait aura une grande influence dans ce secteur de la vie. La présence du Feu dans la Maison V pourra indiquer une grande énergie physique pour les activités qui intéressent le plus la personne concernée ou une exubérance sexuelle particulière.

EXEMPLE

MAISON I	Uranus +	Pluton +	Air
MAISON II	Jupiter +	Vénus -	Terre
MAISON III	Saturne -	Chance	Mars -
MAISON IV	Soleil +	Mercure -	Lune -
MAISON V	Jupiter -	Malchance	
MAISON VI	Lune +	Queue du Dragon	
MAISON VII	Soleil -	Mercure +	
MAISON VIII	Neptune +	Neptune -	
MAISON IX	Vénus +	Eau	
MAISON X	Uranus -	Feu	
MAISON XI	Saturne +	Tête du Dragon	
MAISON XII	Pluton -	Mars +	

Maison I. *Uranus positif, Pluton positif, Air.* Uranus et Pluton positifs dans la Maison I sont d'un excellent augure pour une transformation positive de l'existence (Pluton) et pour l'affirmation de sa personnalité (Uranus). Ces planètes sont renforcées par l'élément air qui est un facteur favorable à l'expansion, aux nouvelles rencontres et au contact.

Maison II. *Jupiter positif, Vénus négative, Terre.* Jupiter dans cette Maison favorise les gains financiers, en particulier s'il est proche de la terre qui indique les biens matériels. Mais dans ce cas, la présence de Vénus négative détourne l'argent vers une personne à laquelle on est lié affectivement.

Maison III. *Saturne négatif, Chance, Mars négatif.* Litiges et discussions (Mars négatif) entre parents amèneront le consultant à la rupture des relations puis à la solitude (Saturne négatif). La présence de la Chance laisse toutefois de l'espoir et fait penser que dans l'avenir tous les malentendus seront dissipés.

Maison IV. *Soleil positif, Mercure négatif, Lune négative.* Les relations négatives concernent également les parents et en particulier la mère (Lune négative), ce qui incite le consultant, qui auparavant vivait dans sa famille, à aller vivre seul (Mercure négatif) ; à la fin, toutefois, le père (Soleil positif) réussit à rétablir le dialogue.

Maison V. *Jupiter négatif, Malchance.* Il est préférable de ne pas tenter le destin et de ne pas jouer d'argent, ce moment est particulièrement défavorable.

Maison VI. *Lune positive, Queue du Dragon.* Après avoir lutté pour affirmer son indépendance, le consultant sent son énergie intérieure s'affaiblir et il est déçu (la Lune indique le monde intérieur et l'émotivité mais elle est influencée négativement par la Queue du Dragon).

Maison VII. *Soleil négatif, Mercure positif.* Le (ou la) partenaire du consultant est une personne très compréhensive (Mercure positif) et réussit à lui apporter un soutien, même si l'orgueil (Soleil négatif) empêche le consultant de demander de l'aide.

Maison VIII. *Neptune positif, Neptune négatif.* Les changements matériels se transforment en bouleversement intérieur qui perturbe le consultant.

Maison IX. *Vénus positive, Eau.* Un voyage à l'étranger aide le consultant à se retrouver lui-même.

Maison X. *Uranus négatif, Feu.* Des complications surgissent également dans la vie professionnelle (Uranus négatif) ; cela déchaîne la colère et l'énergie négative (le Feu) du consultant.

Maison XI. *Saturne positif, Tête du Dragon.* Une personne amicale réussit à donner des conseils avisés au consultant (Saturne positif) et l'empêche de s'isoler.

Maison XII. *Pluton négatif, Mars positif.* Grâce à sa force et à sa capacité à lutter pour affirmer ses idées (Mars positif) le consultant réussit à surmonter les nombreux épreuves et obstacles que lui imposent les autres (Pluton négatif).

RÉPONSE GLOBALE

Le consultant, dans ce cas un jeune homme, se trouve à un moment important de sa vie, à un tournant décisif (Uranus et Pluton sont les planètes des grandes transformations et se trouvent ensemble dans la première Maison), et affirme son indépendance. Même si les changements l'éprouvent beaucoup, épuisant sa résistance physique et compromettant sa carrière, le consultant ne se repentira pas de son choix. Il s'agit d'une personne qui vit encore dans sa famille et décide d'aller vivre seule, provoquant beaucoup de discussions et de litiges, qui, toutefois, ne remettent pas en cause définitivement ses relations avec sa famille.

Jeu des affinités

Il s'agit d'une méthode pour découvrir les sentiments réciproques d'un couple. Pour que le jeu soit plus efficace, il est préférable que les deux personnes y participent. Si cela n'est pas possible, on peut tenter de procéder à la divination en présence d'un seul membre du couple qui se concentrera et tirera les cartes pour lui-même et pour la personne absente.
Pour ce jeu, le cartomancien retire les cartes des Maisons, qu'il met de côté, puis mélange les cartes restantes un nombre impair de fois. Ensuite, il les tend au consultant qui doit en retirer trois cartes et les placer couvertes sur la table. Si l'autre consultant est également présent, on lui passe le jeu dans lequel il devra à son tour choisir trois cartes ; si tel n'est pas le cas, c'est la première personne qui tirera au sort une seconde fois les trois cartes. Le cartomancien prend ensuite une nouvelle carte du jeu et il en tire une du jeu des Maisons. Les cartes sont ensuite retournées et interprétées.
Les cartes tirées par le consultant équivalent aux sentiments qu'ils éprouvent l'un pour l'autre.
La première carte tirée par le cartomancien indique la synthèse ou le verdict sur leur histoire et la carte tirée du jeu des Maisons indique le secteur d'intérêt commun.

EXEMPLE

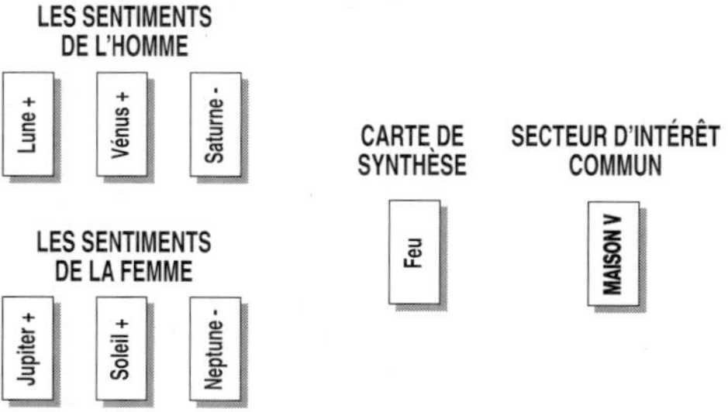

Les trois **cartes qui indiquent les sentiments de l'homme** sont la *Lune positive*, *Vénus positive* et *Saturne négatif.*
Les trois **cartes qui indiquent les sentiments de la femme** sont *Jupiter positif*, *Soleil positif* et *Neptune négatif*. La **carte de synthèse** est le *Feu.*
Le **secteur d'intérêt commun** est la *Maison V.*
La combinaison de ces cartes signifie que ces deux personnes sont amoureuses l'une de l'autre. En effet, l'homme a placé la carte de l'amour (Vénus) à proximité de celle de la femme (Lune), ce qui signifie que c'est elle qu'il aime. Pour ce qui est de la femme, les cartes de Jupiter et du Soleil sont toutes deux positives, ce qui fait penser qu'elle tient son partenaire en haute estime. Toutefois, à proximité de la Lune et de Vénus, il a tiré la carte de Saturne négatif, ce qui incite à penser qu'il est un peu hésitant et préfère ne pas se lier, car il a vécu des expériences amoureuses malheureuses. En revanche, la femme a un caractère faible (Neptune négatif) et risque de trop s'attacher à lui, jusqu'à en devenir totalement dépendante. La carte de synthèse est le Feu, ce qui indique une grande passion et une attirance physique irrésistible. La carte d'intérêt commun est la Maison V, secteur du jeu et du sexe : il est très probable que pour l'instant, cette relation reste fondée sur l'entente sexuelle et la volonté de rester ensemble, sans faire de projets pour l'avenir.

RÉPONSE GLOBALE

Il s'agit de deux personnes très attirées l'une par l'autre et qui éprouvent une grande passion. Toutefois, ce n'est pas le moment pour eux de faire des projets d'avenir ensemble, car aucun n'a encore atteint le niveau de maturité nécessaire. Pour l'instant, ils resteront ensemble sans prendre d'engagements mais ils risquent d'avoir une surprise avec une grossesse non programmée (la Maison V est également celle des enfants).

Jeu de l'amitié

Dans ce jeu, le consultant s'adresse seul au cartomancien pour mieux comprendre les sentiments d'un ami. Il veut savoir si leur amitié est sincère et durera longtemps. Le jeu peut également aider à comprendre si l'ami en question a des problèmes et s'il est possible de l'aider.
Le cartomancien retire du jeu les cartes des Maisons et les met de côté. Il mélange les cartes restantes un nombre impair de fois et les tend au consultant qui en tirera cinq puis cinq autres. Le consultant rend les cartes au cartomancien qui les ajoute à celles des Maisons et les mélange encore. Le consultant tirera encore une carte de ce jeu.
Les cinq premières cartes correspondent à la sphère des sentiments, tandis que les cinq autres révèlent ce que l'ami pense du consultant ; la dernière, la carte de synthèse, fournit une réponse globale.

EXEMPLE

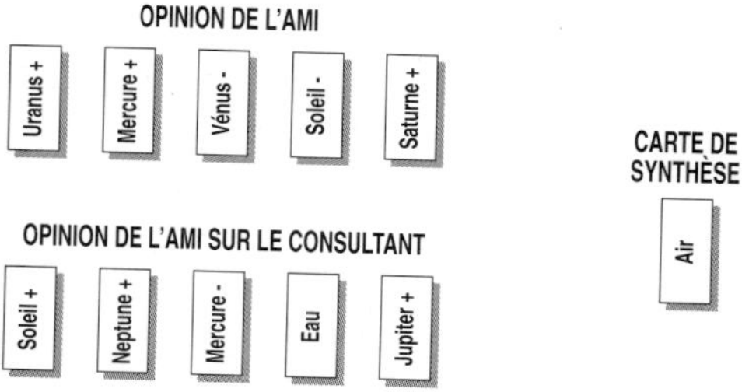

Les **opinions** sont données par le *Soleil positif, Neptune positif, Mercure négatif, Eau* et *Jupiter positif.*
Les cartes qui expriment les **sentiments** sont *Uranus positif, Mercure positif, Vénus négative, Soleil négatif, Saturne positif.*
La **carte de synthèse** est l'*Air.*

Les cartes tirées au sort indiquent que l'ami souffre à cause d'une femme (Vénus et le Soleil tous deux négatifs) et qu'il se sent seul (Saturne positif). Toutefois, étant donné qu'il s'agit d'une personne équilibrée et sage (encore Saturne positif), il ne se désespère pas et concentre son énergie sur des idées nouvelles et originales (Uranus positif) qui pourraient l'aider dans le domaine professionnel et qui, de toute façon, lui permettront de gagner de l'argent (Mercure positif).
Ses pensées envers le consultant sont positives. Cet ami éprouve de l'estime et de la confiance pour cette personne et en reconnaît les qualités (Soleil et Jupiter positif). Il pense qu'il s'agit de quelqu'un de sensible et d'idéaliste (Neptune positif et Eau), qui toutefois, à certains moments, se montre rusé et peu sincère (Mercure négatif).
La carte de la réponse globale est l'Air qui représente l'esprit et donc une relation fondée sur les affinités intellectuelles.

RÉPONSE GLOBALE

Le consultant et son ami sont des personnes bien assorties, originales mais équilibrées, qui éprouvent l'une pour l'autre une grande estime. Grâce à la profonde affection qui les unit, ils réussissent à surmonter les moments difficiles, tels que la crise sentimentale de l'un des deux, et à affronter les épreuves de la vie avec un esprit positif.

Jeu du carré

Avec ce jeu, le consultant peut interroger le cartomancien à propos d'une personne qui n'est pas présente et dont il veut avoir des nouvelles.
C'est toujours le cartomancien qui touche les cartes. Celui-ci retire du jeu les cartes des Maisons et les met de côté, mélange les cartes restantes un

nombre impair de fois, puis en tire au sort cinq, qu'il dispose sur la table aux coins et au centre d'un carré en commençant par la première, en haut à gauche, puis en haut à droite, en bas à droite, en bas à gauche et, enfin, au centre.
Ensuite, le cartomancien choisit quatre cartes dans le jeu des Maisons et les dispose à côté des coins du carré, toujours dans le sens des aiguilles d'une montre.
La carte en haut à gauche représente le passé de la personne en question, celle placée en haut à droite, le présent, celle en bas à droite, la surprise, celle en bas à gauche, l'avenir et, enfin, celle au centre, les sentiments de cette personne au moment de la consultation. Les cartes des Maisons représentent le secteur de la vie concerné par des événements.

Exemple

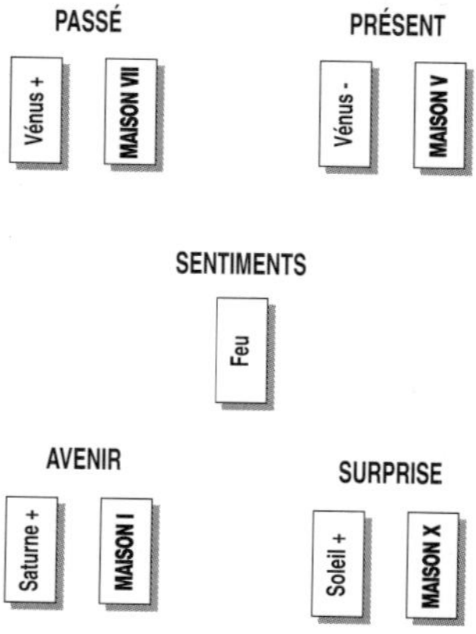

La Maison du **passé** est celle de *Vénus positive*, qui correspond à la *Maison VII*. La personne en question a été très amoureuse de son conjoint.
La carte du **présent** est celle de *Vénus négative*, qui correspond à la *Maison V*. Selon toute probabilité, son mariage traverse actuellement une crise, à cause

de problèmes sexuels ou bien de relations extra-conjugales.
La carte de l'**avenir** est celle de *Saturne positif*, avec la *Maison I.* Les problèmes passés amèneront à une réflexion approfondie et à une amélioration du caractère.
La carte de la **surprise** est celle du *Soleil positif*, avec la *Maison X.* La personne en question éprouvera de grandes satisfactions et trouvera une consolation inattendue dans le domaine professionnel.
La carte des **sentiments** est le *Feu.* Cette personne est encore très impliquée d'un point de vue affectif et n'a pas encore réussi à surmonter ses problèmes amoureux.

RÉPONSE GLOBALE

Cette personne, qui a traversé une crise matrimoniale récemment, souffre encore beaucoup. Toutefois, elle réussira à surmonter les difficultés et pourra se réaliser dans son travail. Les problèmes sont liés à un tempérament émotif et impétueux, confirmé par la présence de la carte du Feu. Les obstacles rencontrés aideront la personne en question à mieux contrôler ses passions, à être plus rationnelle.

Jeu du T

Ce jeu permet au consultant d'avoir des informations sur sa propre situation économique et se joue avec toutes les cartes. Le cartomancien mélange les cartes, le consultant les coupe puis choisit huit cartes qui sont disposées en T, cinq forment la partie horizontale et les trois autres la partie verticale. Les deux premières cartes de la partie horizontale du T représentent les éventuelles erreurs commises dans le passé ; la carte du centre représente la situation présente et les deux dernières cartes sont les possibilités futures. Les trois cartes de la partie verticale sont les facteurs déterminants.

EXEMPLE

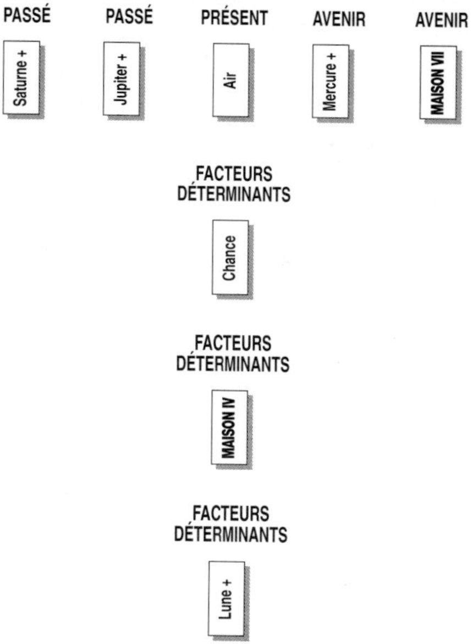

Les cartes qui indiquent les **erreurs commises dans le passé** sont *Saturne positif* et *Jupiter positif.* Le consultant a toujours été prudent et sa situation financière est stable et florissante, jusqu'à ce jour.
La carte qui indique la **situation présente** est l'*Air*. Le consultant a de nouveaux projets financiers.
Les cartes qui indiquent l'**avenir** sont *Mercure positif* et la *Maison VII.* Cette combinaison signifie que l'on aura des relations intéressantes et que l'on créera une société qui, dans l'avenir, représentera de bonnes possibilités de gains.
Les trois cartes qui indiquent les **facteurs déterminants** sont la *Chance,* la *Maison IV* et la *Lune*

positive. Le consultant est prédisposé à gagner de l'argent, grâce au destin favorable, à son patrimoine familial et à son intuition.

RÉPONSE GLOBALE

Le consultant a beaucoup de chance pour ce qui concerne l'argent et il est enclin à faire de bonnes affaires. Toutefois, sa chance a toujours été aidée par son bon sens qui lui a permis de ne jamais prendre de risques inutiles.

Jeu de l'avenir

Ce jeu se joue avec la carte de la planète correspondant à la naissance du consultant. Il s'agit d'un autre système pour connaître son avenir. Le cartomancien choisit dans le jeu la carte de la planète qui gouverne le signe zodiacal du consultant et la met de côté. Il fait de même pour les cartes des Maisons puis il mélange les cartes restantes un nombre impair de fois et les tend au consultant. Celui-ci en tire huit et les place devant lui, couvertes. Ensuite, il insère entre ces cartes celle de la planète de naissance, il les mélange encore et les rend au cartomancien. Celui-ci dispose la première carte au centre et place les autres, deux à la fois, aux côtés de la carte centrale.
Le cartomancien tire ensuite à nouveau quatre cartes du jeu des Maisons et les dispose à côté de chaque groupe de cartes.
De la sorte, on pourra savoir quelles seront, dans l'avenir, les sphères de la vie (et donc les Maisons) les plus importantes pour le consultant et ce qui va se passer. La carte au centre représente la synthèse.
Dans l'exemple suivant, l'on a choisi le Soleil comme carte de la planète de naissance.

EXEMPLE

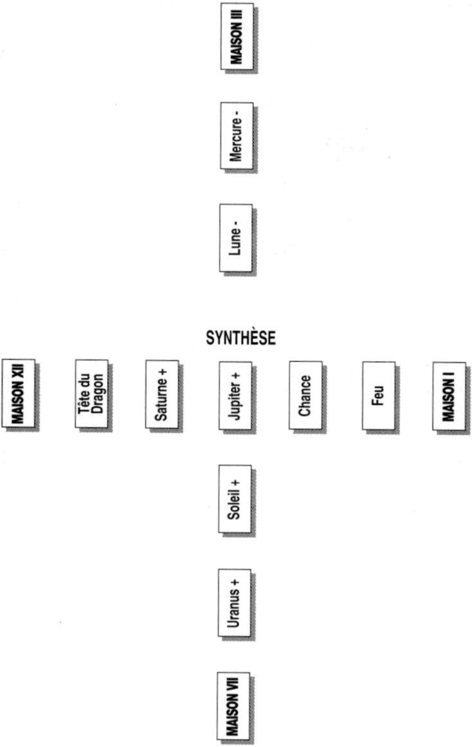

La carte placée au **centre** est celle de *Jupiter positif*. C'est la **synthèse**.
Les cartes **en haut** sont les suivantes : *Maison III, Mercure négatif, Lune négative*.
Les cartes placées **en bas** sont les suivantes : *Maison VII, Uranus positif, Soleil positif.*
Les cartes placées **à gauche** sont les suivantes : *Maison XII, Tête du Dragon, Saturne positif.*
Les cartes placées **à droite** sont les suivantes : *Maison I, le Feu, la Chance.*

RÉPONSE GLOBALE

Pour le consultant, la sphère de la vie la plus importante sera celle des unions stables (Maison VII) où se trouve le Soleil, sa planète. Dans cette Maison, il y aura d'importantes nouveautés positives (Uranus positif). Il s'agit, globalement, d'un moment favorable, car, au centre, se trouve Jupiter positif, qui indique gains et chance. D'autre part, dans la Maison I, qui concerne la manière d'être du consultant, se trouve la Chance et le Feu (grande énergie et vitalité). Dans le domaine des épreuves (Maison XII) se trouve Saturne positif, rendu plus positif encore par la Tête du Dragon, qui indique les obstacles surmontés ayant contribué à améliorer la personnalité du consultant. Le seul aspect négatif se trouve dans la Maison III et peut indiquer un problème (Mercure négatif) avec une sœur ou une voisine (Lune négative).

Jeu du oui et du non

C'est un jeu très simple qui permet d'avoir une réponse immédiate à une question. Le cartomancien met de côté les cartes des Maisons, mélange les cartes restantes et les passe au consultant, qui tire un nombre impair de cartes. La question devra être posée de manière à ce que la réponse puisse être oui ou non. Par conséquent, on ne demandera pas « Quel temps fera-t-il demain ? » mais « Fera-t-il beau demain ? ».
On peut avoir une réponse simple, en tirant une seule carte (carte positive équivaut à oui, une négative équivaut à non). Si l'on tire plusieurs cartes, il faudra évaluer la prédominance des positives ou des négatives. Il est possible que les cartes ne donnent pas de réponse claire. Dans ce cas, on

pourra répéter la question par trois fois. Si les cartes continuent à ne pas vouloir donner de réponse ou restent neutres, il ne faut pas insister.
Si l'on tire trois cartes, la plus importante sera la deuxième, même si elle est neutre.

EXEMPLE

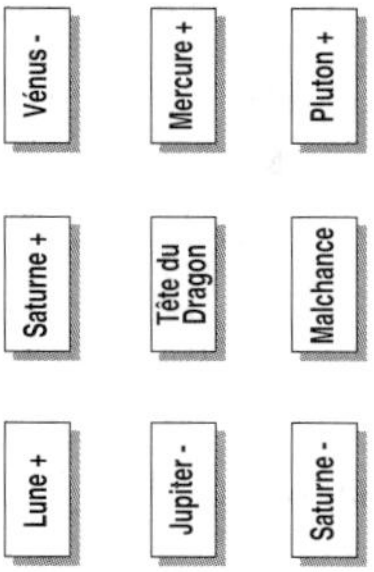

- La question est : « Mon amour est-il partagé ? » Les cartes tirées sont *Vénus négative, Mercure positif, Pluton positif.* La réponse est donc positive, indéniablement, malgré la carte négative de Vénus.
- La question est : « Vais-je réussir mon examen ? » Les cartes sont *Saturne positif, Tête du Dragon, Malchance.* Bien que cette dernière carte soit nettement négative, la Tête du Dragon exerce une influence bénéfique et rend la réponse positive.
- La question est : « Vais-je réussir à acheter bientôt une voiture neuve ? » *Lune positive, Jupiter négatif, Saturne négatif.* Les cartes négatives, surtout celle du centre, font que la réponse est défavorable. Cela ne signifie pas que le consultant n'achètera jamais de voiture neuve, mais qu'il ne pourra pas le faire rapidement et qu'il devra reporter sa décision à plus tard.

LA MAGIE DES PLANÈTES

Celui qui parle des « pouvoirs magiques » des planètes et évoque les rituels anciens, au seuil du troisième millénaire, risque de faire sourire. Je ne suis pas superstitieuse, je ne rebrousse pas chemin lorsqu'un chat noir traverse la rue et je suis fermement convaincue que je suis responsable de mon destin. Toutefois, il me plaît de penser que des énergies puissantes et mystérieuses me protègent et, personnellement, je ne trouve pas ridicule de mettre une carte de Vénus dans mon sac, espérant ainsi favoriser la rencontre avec un grand amour… En tout cas, je ne considère pas cela plus étrange que de se munir de trèfle à quatre feuilles ou d'autres porte-bonheur de ce type. Nous sommes tous superstitieux, c'est un fait. Simplement, il y a ceux qui le reconnaissent et ceux qui le nient, mais qui, au moment opportun, croisent tout de même les doigts ou touchent du bois, « parce que, pensent-il, l'on ne sait jamais ! ». Pourquoi donc ne pas espérer un peu d'aide du ciel ?
Nous allons maintenant étudier quelques « rites magiques » simples et, bien entendu, tout à fait inoffensifs, que vous pourrez accomplir pour vous rendre le sort favorable et solliciter l'aide des planètes.

LES RITES PROPITIATOIRES : COULEURS ET PARFUMS

Pour accomplir les rites propitiatoires et en tirer le maximum d'avantages, il est nécessaire d'être serein, en harmonie avec les phases de la nature et de ne pas éprouver de sentiments négatifs. En effet, les résultats recherchés ne doivent en aucun cas nuire à autrui. Pour que le rite soit efficace, il est très important que vous soyez concentré. Vous devez donc vous trouver dans un endroit silencieux et dans un état physique et psychologique vous permettant de ne pas disperser votre énergie. Si, et seulement si, vous respectez ces conditions, vous serez en mesure de tirer un maximum de profit de la magie des planètes. Si votre esprit n'est pas libre ou si vous ne vous sentez pas bien, la force des planètes ne vous permettra pas d'accomplir efficacement un véritable rite.

Depuis toujours, les magiciens ont essayé de tirer parti des influx des planètes. Le nom et l'image des planètes peuvent évoquer leur pouvoir. La couleur, un moyen très puissant pour catalyser les forces cosmiques, est dotée d'une véritable énergie : allumer une bougie ou une lumière de la couleur de la planète, faire brûler des parfums ou des encens qui ont un rapport avec celle-ci sont des pratiques qui renforcent le rituel. La lumière symbolise le bien, la sagesse et la connaissance ; associée à la couleur d'une flamme allumée, elle représente le pouvoir surnaturel. Un objet fabriqué dans le métal lié à la planète en question aide également à accomplir le rituel magique. Les rites propitiatoires sont plus efficaces si on les accomplit le jour lié à la planète dont on utilise la carte ; l'heure propice est toujours midi.

Au **Soleil** est associé le parfum ou l'encens au santal et une bougie dorée est tout à fait indiquée pour accomplir des rites visant à obtenir le bonheur, le courage, la sagesse et la force. Le jour conseillé est le dimanche.

Pour évoquer les énergies de la **Lune** qui agissent sur la fécondité, la maternité, la féminité, la sensibilité et la voyance, il faut utiliser une lumière blanche et des fleurs ou des feuilles de tilleul. La journée appropriée est le lundi.

Mercure a besoin d'une lampe multicolore et du parfum de chèvrefeuille, de rose, de genévrier, de clous de girofle et d'encens pour augmenter l'intelligence et rendre les affaires propices, pour favoriser les études et faciliter les gains au jeu. Le jour de Mercure est le mercredi.

Les faveurs de **Vénus**, qui favorise l'état amoureux, intercède dans les affaires de cœur, gouverne l'art, la beauté et la séduction, peuvent être obtenues le vendredi avec une lumière verte, de la poudre de cannelle et du parfum de violette.

Pour vaincre, avoir de la force et résoudre les litiges et renforcer un caractère passionnel, il faut l'aide de **Mars**, une lumière et une bougie rouges et de l'essence de menthe ou de rhubarbe. Les rituels sont plus efficaces le mardi.

Le succès personnel, la gloire et la richesse favorisés par **Jupiter** peuvent être obtenus le jeudi avec une lumière ou une bougie bleue et du parfum de cèdre ou de l'huile essentielle de menthe.

Une obscurité quasi totale et un parfum de pin sont appropriés pour **Saturne**, qui aide à conquérir la sagesse et la spiritualité, le samedi.

L'ingéniosité, l'excentricité, le changement et la fantaisie peuvent être stimulés par **Uranus**, **Pluton** et **Neptune** en utilisant du parfum d'aloès, de préférence le mercredi.

Rite pour favoriser la chance

Pour accomplir ce rite, qui sert à s'attirer les faveurs du sort pour un objectif qui nous tient à cœur, on utilise la carte de Jupiter positif, celle de Pluton positif, la Tête du Dragon, les quatre cartes des Éléments, la carte de la Chance, et le carré magique de Jupiter. En effet, Jupiter est la planète de l'abondance et de l'argent, qui dispense la chance et la gloire. Pluton positif représente la reprise après un moment de stagnation ou de crise ; la Tête du Dragon augmente le pouvoir des autres cartes et les quatre Éléments constituent la matière de toutes les choses qui

peuvent être rendues positives par la Chance. Les cartes doivent être disposées sur la table sur un tissu bleu clair, couleur de Jupiter, un jeudi à midi, jour et heure de Jupiter. Autour de la table, on disposera en triangle les trois bougies de la couleur de Jupiter ou bien de la couleur de l'or, symbole de l'argent et de la fortune. Le triangle est en effet le symbole de chacun des quatre Éléments naturels et dans cette configuration leurs énergies s'additionnent tout en restant équilibrées et libèrent toute leur force.
Pour accomplir le rite, il faut allumer les bougies, brûler de l'essence de menthe et se concentrer sur l'objectif que l'on veut atteindre, en prononçant une sorte de formule magique. Si, par exemple, on veut obtenir de la chance en affaires, l'on peut s'adresser au sort de la manière suivante : « Ô chance bienveillante ! que ton regard se pose sur moi et le sort capricieux favorable se fera ». Avant d'éteindre les bougies faites brûler le carré magique de Jupiter préalablement retranscrit sur une feuille de papier.
Vous pouvez prendre comme porte-bonheur l'une des cartes du rite, entourée d'un mouchoir bleu clair et la garder avec vous, dans votre sac ou dans votre poche.

Rite pour favoriser l'amour

Pour attirer l'amour, il faut se gagner les faveurs de Vénus, la planète qui gouverne les affects.
Si vous voulez conquérir un homme, utilisez la carte de Vénus positive, associée à celle du Soleil positif ; si, en revanche, l'objet de vos pensées est une femme, il faut associer, à la carte de Vénus, la Lune positive. Si vous espérez convoler en justes noces avec la personne aimée, ajoutez la carte de la Maison VII, celle du mariage précisément.
L'on associe à Vénus la couleur verte, par conséquent il vous faudra poser les cartes sur un tissu vert, près d'une feuille sur laquelle vous aurez re-

transcrit le carré de Vénus. Vous devez ensuite allumer sept bougies (chiffre lié à Vénus), disposées en croix. La croix est un signe ouvert qui représente quelque chose d'illimité comme l'amour. Le trait horizontal de la croix symbolise le principe féminin, détendu et passif, tandis que le vertical représente la force masculine, érigée et active. Il faut, en outre, faire brûler de l'essence de violette et répandre sur la table quelques pincées de cannelle. Si possible, utilisez une lumière verte et douce.
Fermez ensuite les yeux et respirez profondément à sept reprises, puis, répétez sept fois la formule : « Ô Vénus, radieuse et belle, fais que la personne qui m'est la plus chère m'aime plus que tout ! »
À ce moment-là, éteignez les bougies et entourez du tissu vert la carte de Vénus et le carré magique qui, pendant sept nuits, devront rester sous votre oreiller.
Ce rituel permet d'équilibrer le principe masculin et le principe féminin et de créer la bonne situation afin que le couple puisse se former.
Le rite doit être accompli le jour et à l'heure de Vénus, c'est-à-dire le vendredi à midi, et nécessite que l'on se concentre profondément sur la personne aimée.
La carte de Vénus positive est un excellent talisman pour l'amour. Il est possible de créer des bijoux (bagues ou pendentifs) avec les pierres de Vénus, les émeraudes, si possible au nombre de sept, qui deviendront des porte-bonheur dans le domaine affectif, si on les place au centre de la croix de bougies, nécessaire à l'accomplissement de ce rite.

Rite pour le travail

Mercure positif est la carte du commerce, des affaires et du travail et c'est celle que l'on utilise pour s'attirer les faveurs du sort, lorsque l'on veut trouver un travail ou en changer. Si vous souhaitez des améliorations dans votre profession ou un

avancement de votre carrière, vous pourrez utiliser également la carte de la Maison X, celle de la carrière, ainsi que la carte positive de Mars, dont l'énergie et la pugnacité vous rendront compétitif et efficace dans la lutte pour le succès.
Ce rite doit être accompli le jour de Mercure, c'est-à-dire le mercredi, à midi. Au centre d'une table carrée, disposez les cartes et le carré magique de Mercure. Placez autour quatre bougies de couleurs différentes. Préférez le rouge si vous utilisez également la carte de Mars. Après avoir allumé les bougies, lisez à haute voix les chiffres du carré magique et faites brûler de l'essence de chèvrefeuille (le carré est une forme qui s'associe à l'idée de stabilité et peut être utile pour trouver un travail sûr). Ensuite, prononcez la formule suivante : « Confiant, je m'adresse à Mercure et à Mars, et je sais que je trouverai, grâce à eux, un travail digne. »
La carte de Mercure positif, si on la garde dans son portefeuille ou son sac, sous son oreiller ou au bureau dans un tiroir, peut être un porte-bonheur efficace dans le domaine professionnel.

Rite pour gagner de l'argent

Pour favoriser les gains, il faut utiliser les cartes de Mercure positif et de Jupiter positif, liées toutes deux à l'argent. En général, Jupiter favorise la richesse, la prospérité et la chance et Mercure peut contribuer à améliorer la situation financière de quelqu'un grâce à son travail ou au commerce. Comme dans le rite pour favoriser la chance, la présence de la Tête du Dragon est utile car elle confère plus de puissance à l'influx des cartes. La carte d'Uranus positif peut également contribuer à accélérer l'arrivée de l'argent. Le rite peut être accompli le mercredi ou le jeudi à midi.
On pose les cartes sur la table sur un tissu bleu clair.
Préparez une poudre en mélangeant des baies de genièvre, chères à Mercure, et des feuilles ou de

l'huile essentielle de menthe. Ensuite, ajoutez de l'encens, des clous de girofle, eux aussi liés à Mercure, et du safran. La poudre ainsi préparée doit être éparpillée sur les cartes. Allumez une bougie bleue ou couleur or et prononcez la formule magique : « Ô Jupiter et Mercure qui régnez là-haut, regardez vers le bas, faites que l'argent tombe ici ! »

Rite pour gagner au jeu

Autrefois, on considérait Mercure comme le roi du jeu et de la ruse. Par conséquent, lorsque vous jouez au loto ou à un autre jeu de hasard, nous vous conseillons d'utiliser en guise de porte-bonheur cette carte, associée à la carte de la Chance, à la Tête du Dragon et à la carte de Mars positif, qui équivaut à la victoire et qui est essentielle pour l'efficacité du rite.
Les cartes doivent être placées sur un tissu rouge couleur de Mars, le mardi à midi. Autour des cartes, allumez cinq bougies rouges (chiffre de Mars) disposées en pentagone (pour renforcer l'effet du chiffre cinq) et brûlez des essences de rose et de genièvre, chères à Mercure, avec de l'essence de rhubarbe, chère à Mars.
Avec le carré magique de Mars, il vous faut brûler, après vous être bien concentré, une feuille sur laquelle vous aurez transcrit les chiffres que vous voulez jouer et prononcer la formule magique : « Que ces chiffres précieux soient source de richesse, de chance et d'aisance ! »

TABLE DES MATIÈRES

Introduction .... page 5

Les arts divinatoires .... » 7

La cartomancie .... » 9
Les cartes les plus anciennes
et les tarots .... » 9
La divination par les cartes .... » 11
La divination par les cartes
des planètes .... » 14

L'astrologie .... » 17
Les caractéristiques des signes
zodiacaux .... » 19

Les Maisons .... » 27

LES CARTES

**Les cartes des Éléments
et des Maisons** .... » 31

Les cartes des planètes .... » 41
Soleil .... » 42
Lune .... » 50
Mercure .... » 58
Vénus .... » 66
Mars .... » 74
Jupiter .... » 82
Saturne .... » 90
Uranus .... » 98
Neptune .... » 106
Pluton .... » 114

La Chance et la Malchance .... page 127

La Tête et la Queue du Dragon .... » 131

JEUX ET RITES PROPITIATOIRES

Les jeux .... » 137
Jeu du Ciel.. » 137
Jeu des douze Maisons.................... » 143
Jeu des affinités............................... » 147
Jeu de l'amitié .... » 149
Jeu du carré .... » 150
Jeu du T.. » 152
Jeu de l'avenir .... » 154
Jeu du oui et du non .... » 156

La magie des planètes .... » 158
Rite pour favoriser la chance .... » 160
Rite pour favoriser l'amour............. » 161
Rite pour le travail........................... » 162
Rite pour gagner de l'argent............ » 163
Rite pour gagner au jeu .... » 164

Achevé d'imprimer en octobre 2001
à Milan, Italie,
sur les presses de Grafiche Milani

Dépôt légal : octobre 2001
Numéro d'éditeur : 7288

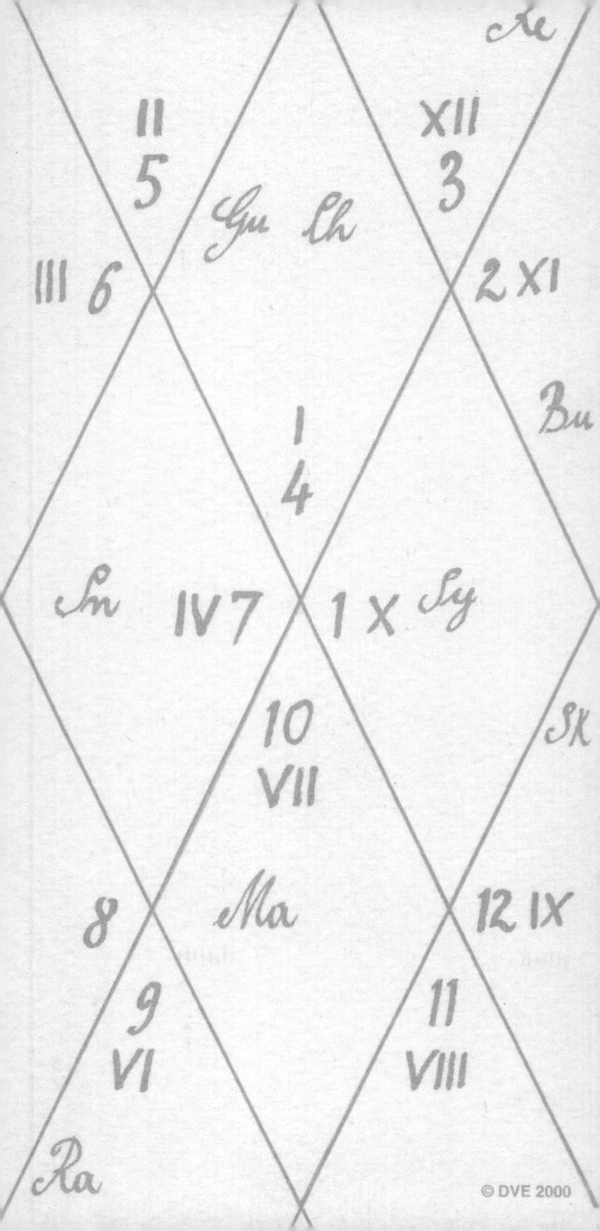
Ke
II
5
XII
3
Gu
Ch
III 6
2 XI
Bu
I
4
Sn
IV 7
1 X
Sy
Sk
10
VII
8
Ma
12 IX
9
VI
11
VIII
Ra

נ

LUNE
NÉGATIVE

TRAHISON • DÉSILLUSION
INCONSTANCE • ERREUR
APPARENCE TROMPEUSE
PRÉJUGÉ

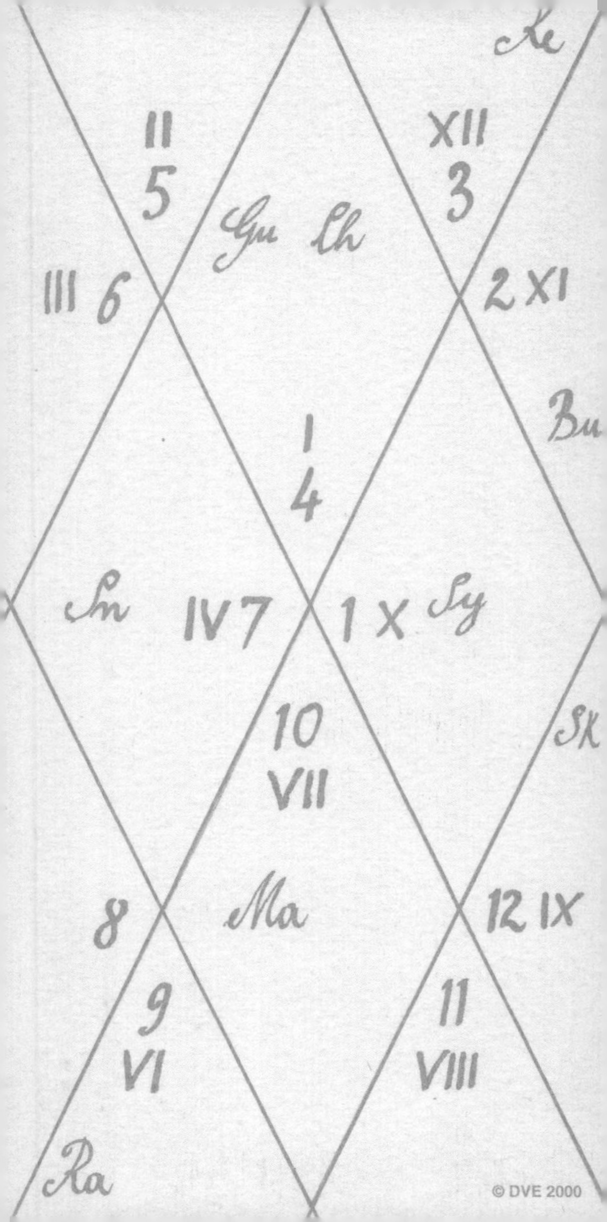
Ke
II
5
XII
3
Gu
Ch
III 6
2 XI
Bu
1
4
Sn
IV 7
1 X
Sy
Sk
10
VII
8
Ma
12 IX
9
VI
11
VIII
Ra

LUNE
POSITIVE

INSTINCT • SAGESSE FÉMININE
MATERNITÉ • NAISSANCE
CHANGEMENT • EAU
ENFANCE

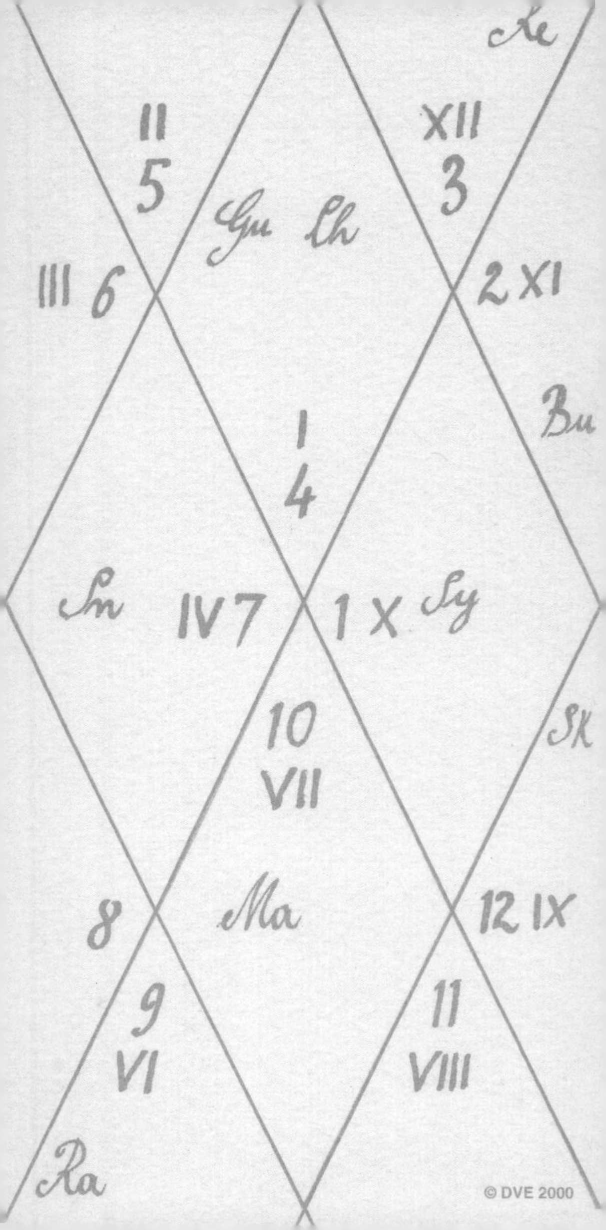
Ke
XII
3
II
5
Gu
Ch
III 6
2 XI
Bu
I
4
Sn
IV 7
1 X
Sy
Sk
10
VII
Ma
8
12 IX
9
VI
11
VIII
Ra
© DVE 2000

TERRE

FÉCONDITÉ • INTROVERSION
GÉNÉROSITÉ • CALME
ASPECT CONCRET

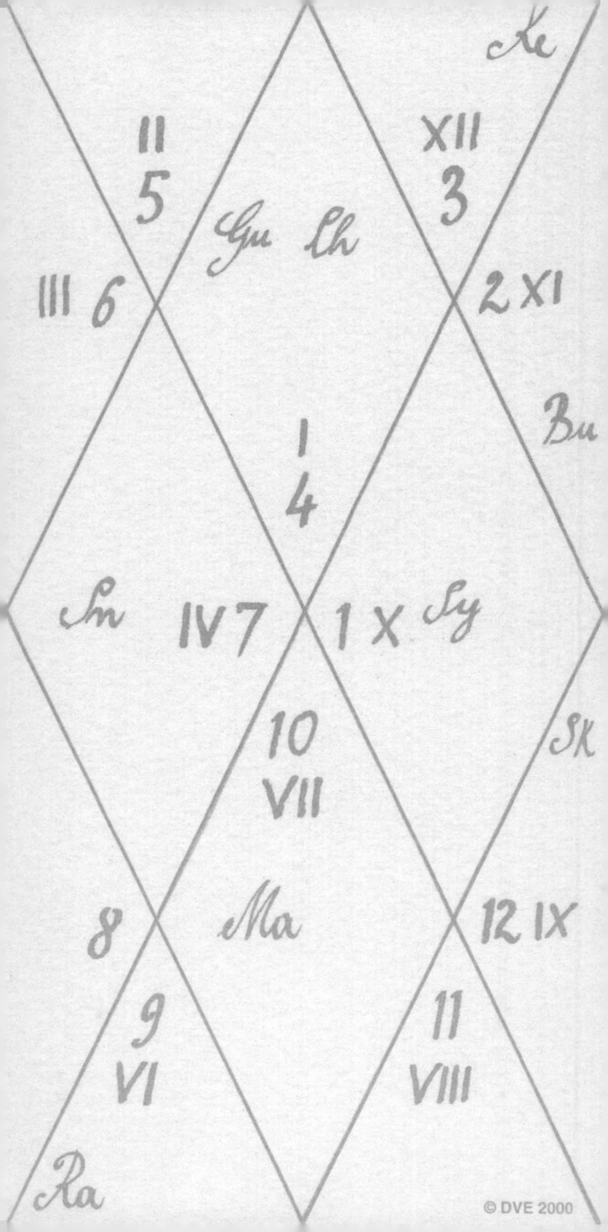
Ke
II
5
XII
3
Gu
Ch
III 6
2 XI
Bu
I
4
Sm
IV 7
1 X
Sy
10
VII
Sk
8
Ma
12 IX
9
VI
11
VIII
Ra

MAISON
II

RAPPORT AVEC L'ARGENT
RICHESSES MATÉRIELLES
SITUATION ÉCONOMIQUE
BIENS MATÉRIELS

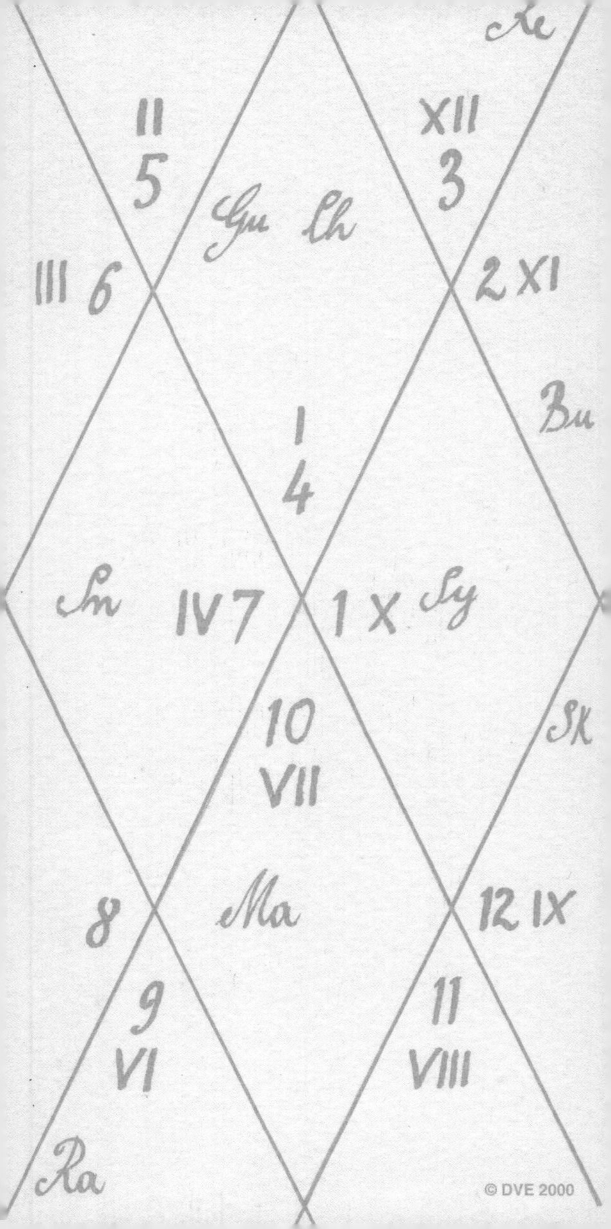
Ke
II
5
XII
3
Gu
Ch
III 6
2 XI
Bu
I
4
Sn
IV 7
1 X
Sy
Sk
10
VII
8
Ma
12 IX
9
VI
11
VIII
Ra
© DVE 2000

TÊTE DU DRAGON

AUGMENTE LES POTENTIALITÉS
BÉNÉFIQUES DES CARTES
DES PLANÈTES PROCHES

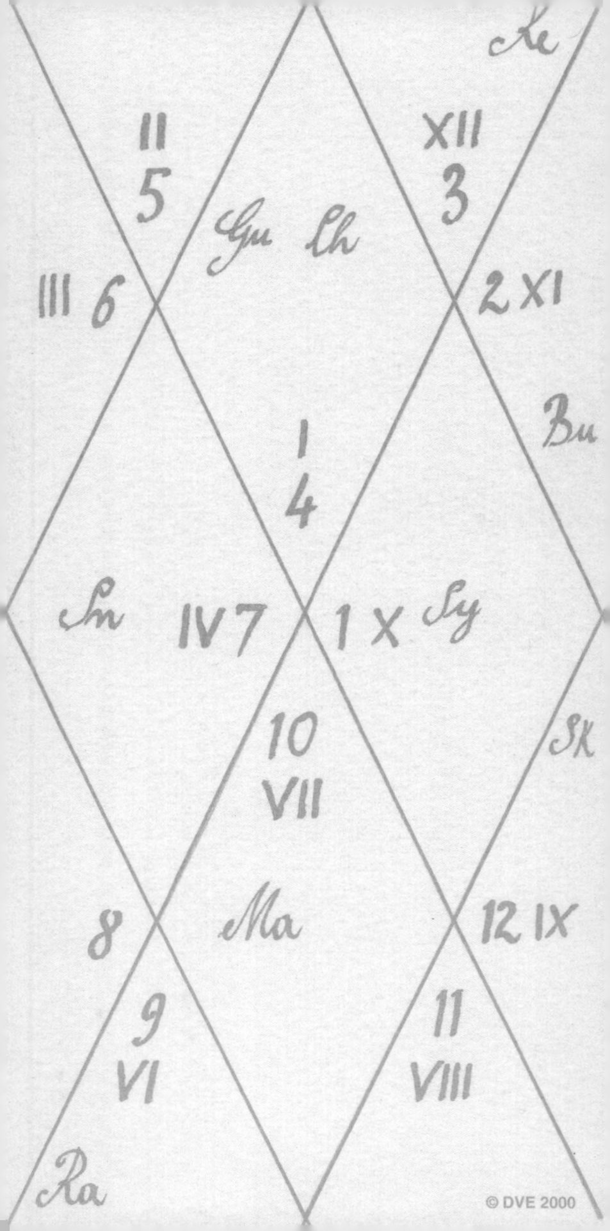
Ke
II
5
XII
3
Gu
Ch
III 6
2 XI
Bu
1
4
Sn
IV 7
1 X
Sy
Sk
10
VII
8
Ma
12 IX
9
VI
11
VIII
Ra

VÉNUS
POSITIVE

AMOUR • AFFECTION
FASCINATION • BEAUTÉ
LUXE • HARMONIE • ARTS

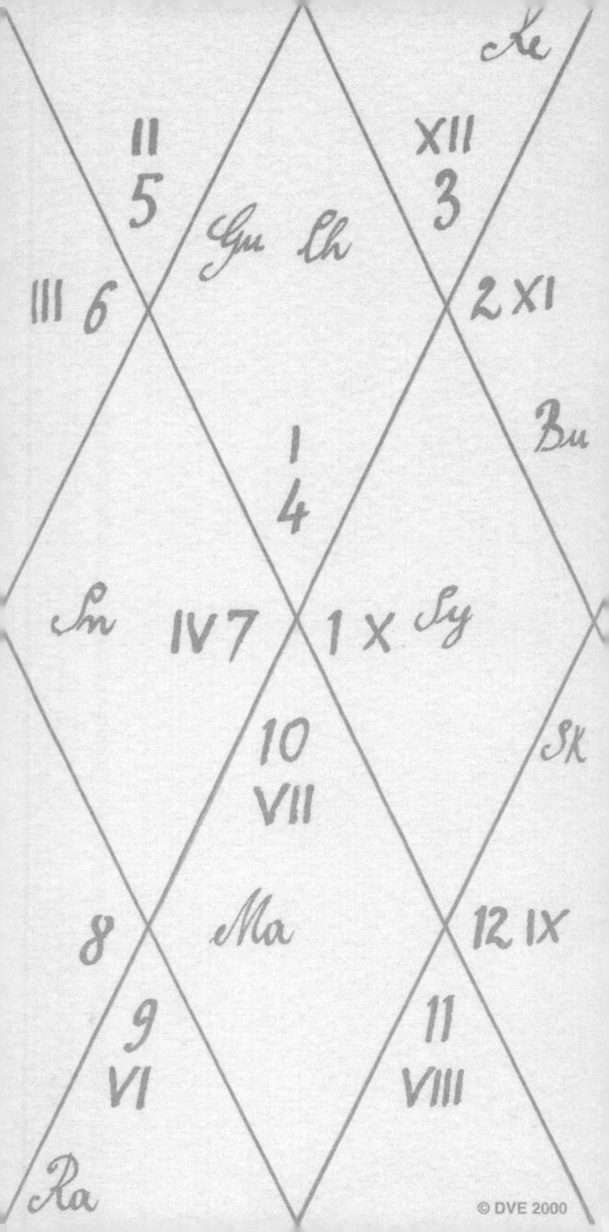
Ke
II
5
XII
3
Gu
Ch
III 6
2 XI
Bu
I
4
Sn
IV 7
1 X
Sy
10
VII
Sk
8
Ma
12 IX
9
VI
11
VIII
Ra

ח ☿

MERCURE
NÉGATIF

MALHONNÊTETÉ • VOL
MENSONGE • INSTABILITÉ
INCOHÉRENCE
AGITATION

♊ ♍

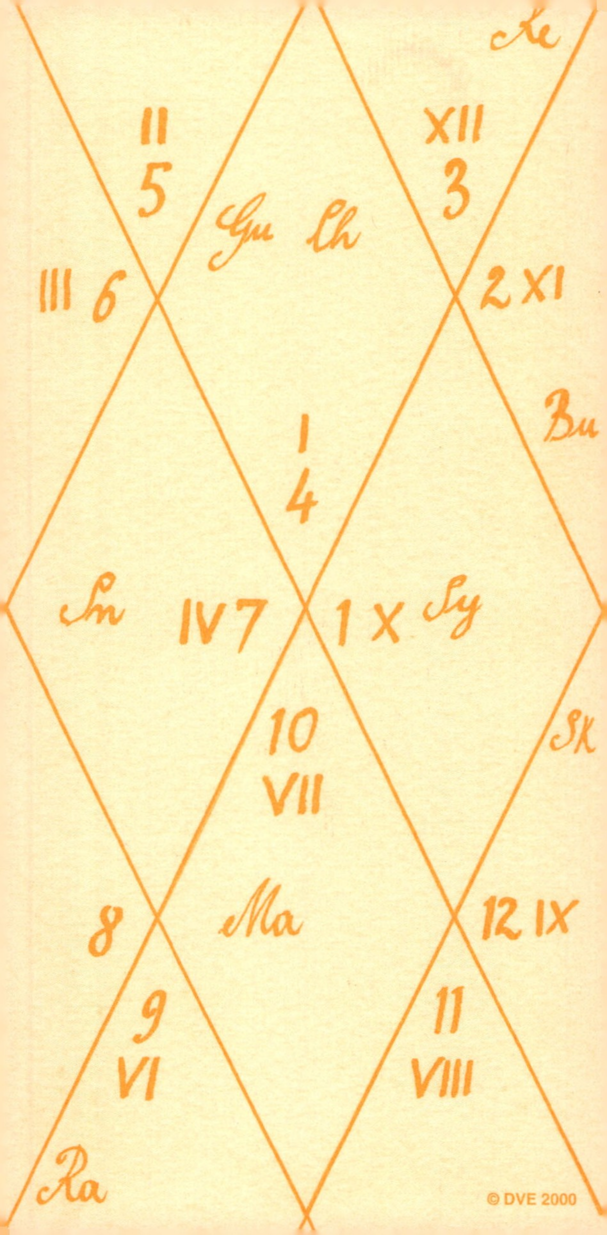
Ae
XII
3
II
5
Gu
Ch
III
6
2 XI
Bu
I
4
Sn
IV 7
1 X
Sy
10
VII
Sk
8
Ma
12 IX
9
VI
11
VIII
Ra

MAISON X

POSITION SOCIALE • CARRIÈRE
RÉUSSITE PROFESSIONNELLE
SATISFACTION PERSONNELLE
RÉPUTATION

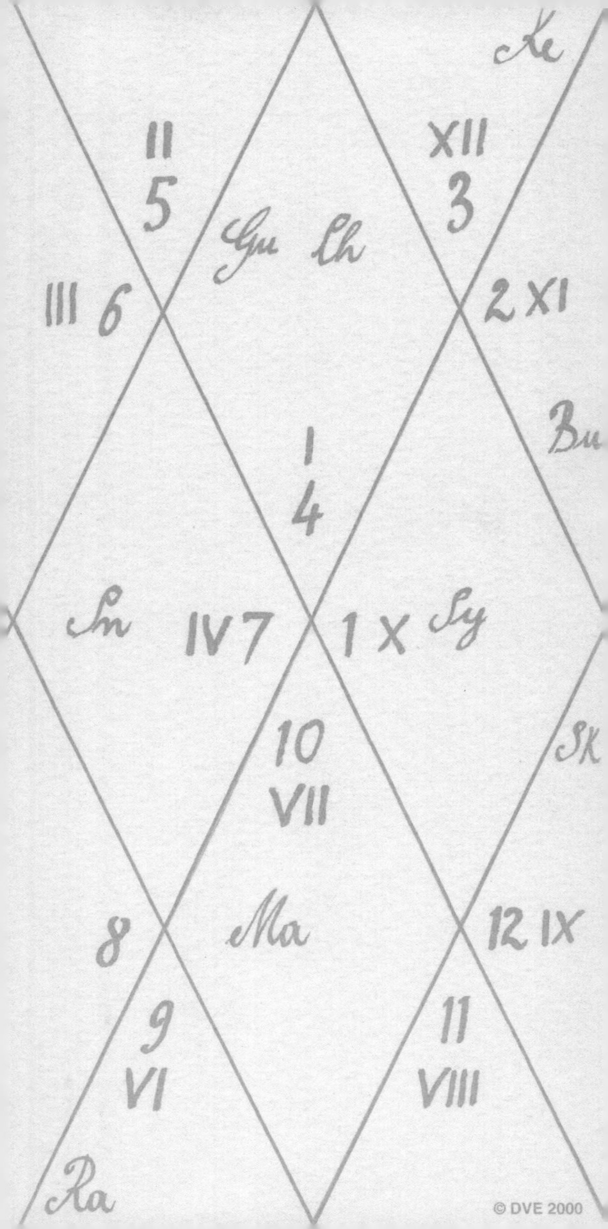
Ke
II
5
XII
3
Gu
Ch
III 6
2 XI
Bu
I
4
Sn
IV 7
1 X
Sy
10
VII
SK
8
Ma
12 IX
9
VI
11
VIII
Ra
© DVE 2000

AIR
LIENS • RELATIONS • IDÉALISME
LIBERTÉ INTELLECTUELLE
VIVACITÉ

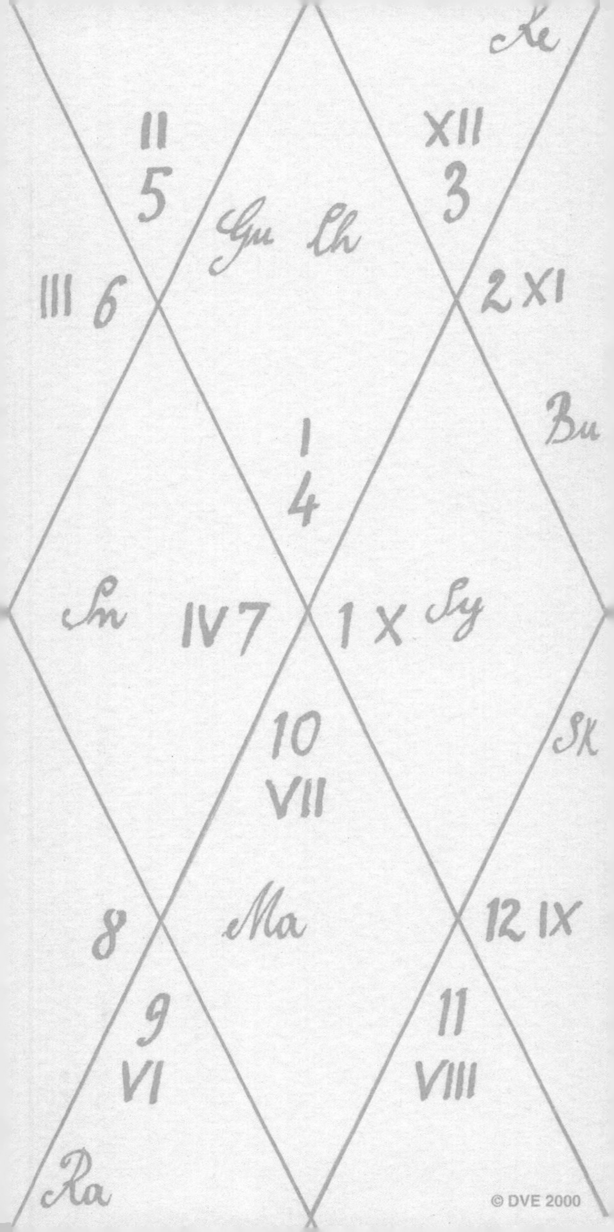
Ke
XII
3
II
5
Gu
Ch
III 6
2 XI
Bu
I
4
Sn
IV 7
1 X
Sy
10
VII
Sk
8
Ma
12 IX
9
VI
11
VIII
Ra

JUPITER
POSITIF

VITALITÉ • PAIX
BONNE POSITION SOCIALE
JOIE • ABONDANCE
CROISSANCE

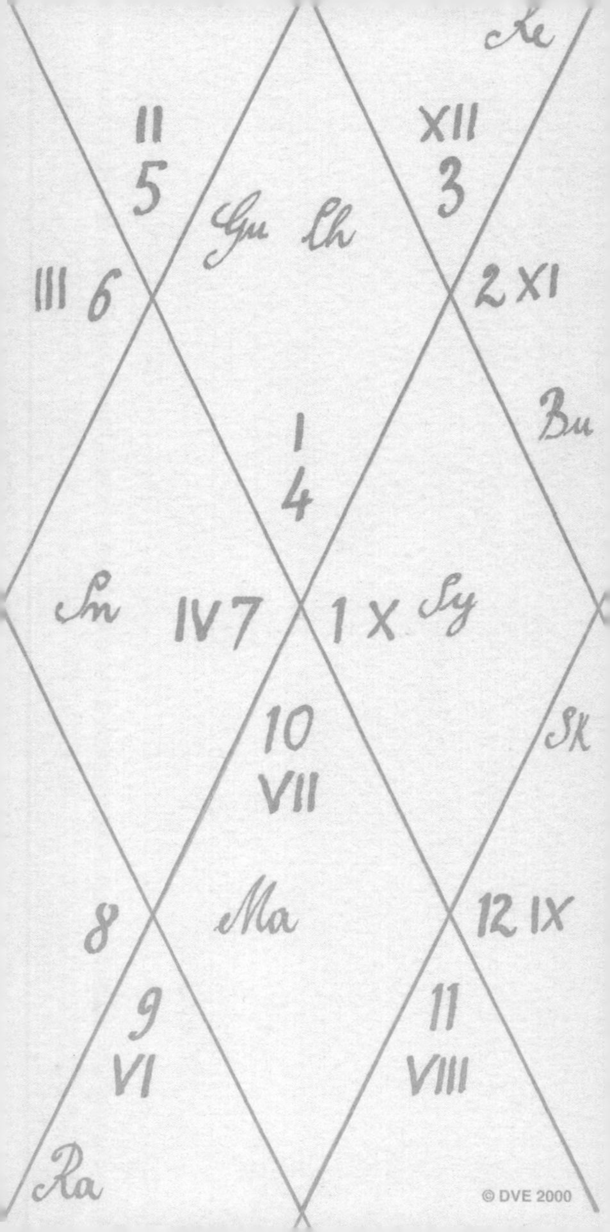

Ke
II 5
XII 3
Gu
Ch
III 6
2 XI
Bu
I 4
Sn
IV 7
1 X
Sy
10 VII
Sk
8
Ma
12 IX
9 VI
11 VIII
Ra

MARS
NÉGATIF

VIOLENCE • ARROGANCE
COLÈRE • TRAUMATISMES
FEU • GUERRE

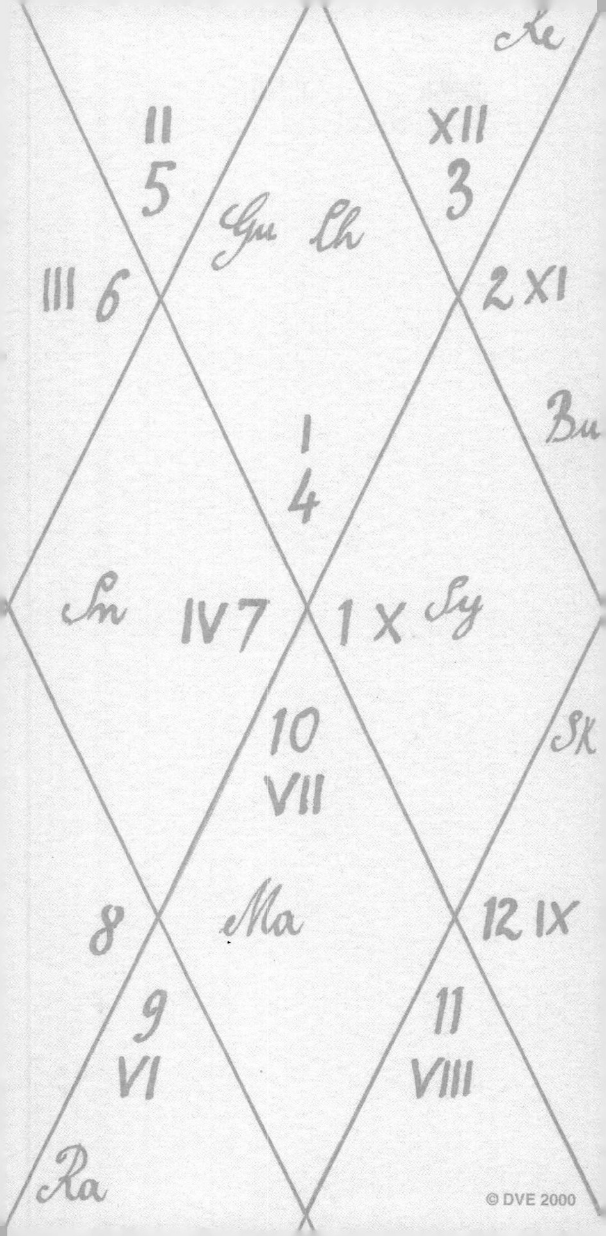
Ke
II
5
XII
3
Gu
Ch
III
6
2
XI
Bu
I
4
Sn
IV
7
1
X
Sy
Sk
10
VII
8
Ma
12
IX
9
VI
11
VIII
Ra

MAISON
IX

VOYAGES • VIE INTELLECTUELLE
INTÉRÊT POUR D'AUTRES PAYS
CONNAISSANCES SUPÉRIEURES
RECHERCHE

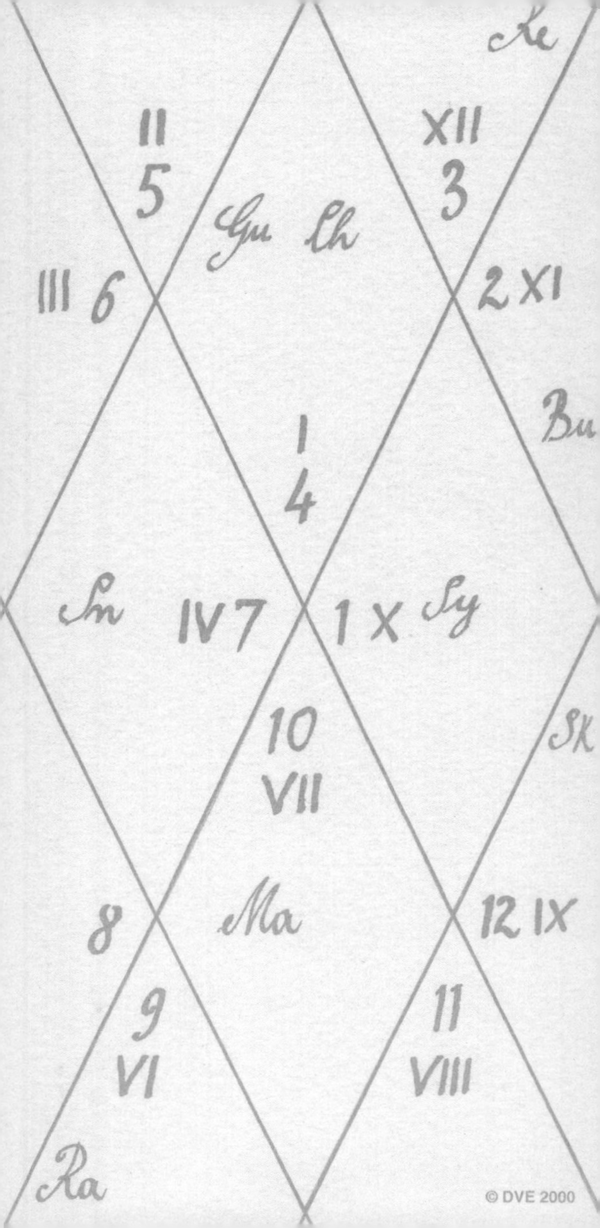
Ke
II
5
XII
3
Gu
Ch
III 6
2 XI
Bu
I
4
Sn
IV 7
1 X
Sy
10
VII
Sk
Ma
8
12 IX
9
VI
11
VIII
Ra

MAISON I

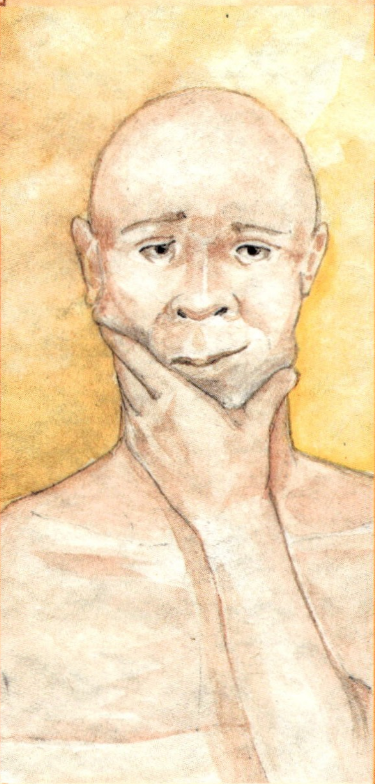

ÉTAT D'ÂME • RÉFLEXION
EXPÉRIENCES
PERSONNALITÉ
PRÉSENT

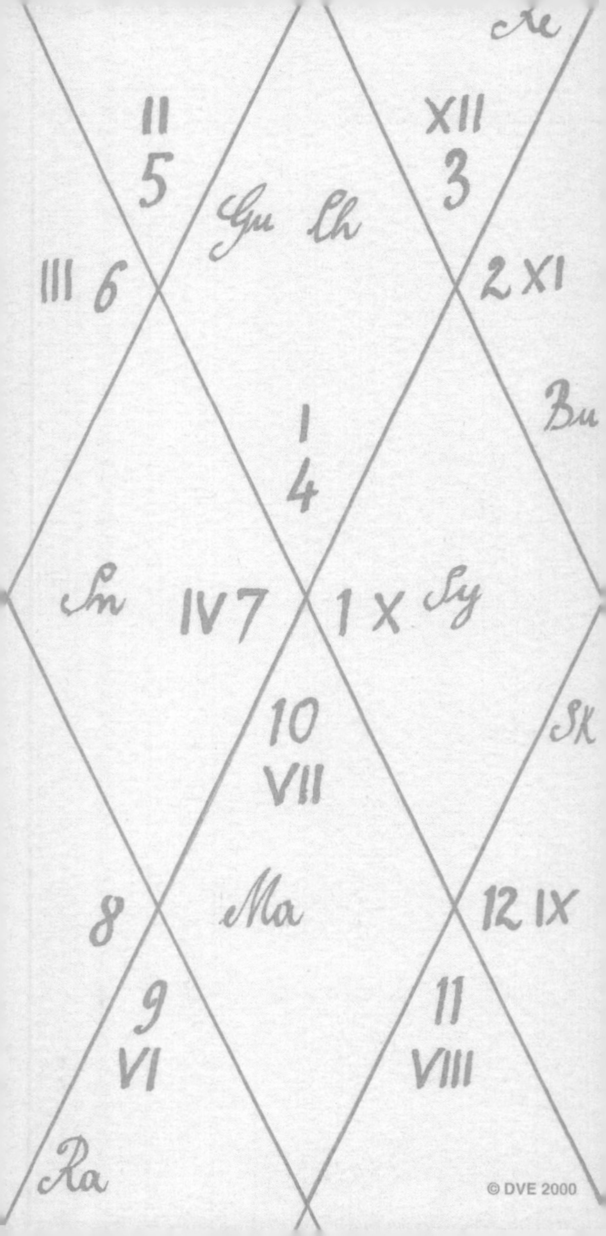
Ac
II
5
XII
3
Gu
Ch
III 6
2 XI
I
4
Bu
Sn
IV 7
1 X
Sy
10
VII
Sk
8
Ma
12 IX
9
VI
11
VIII
Ra

SOLEIL

POSITIF

SUCCÈS • BONHEUR
SAGESSE • ILLUMINATION
SENS DE LA BEAUTÉ • AIDE
GUIDE SPIRITUEL

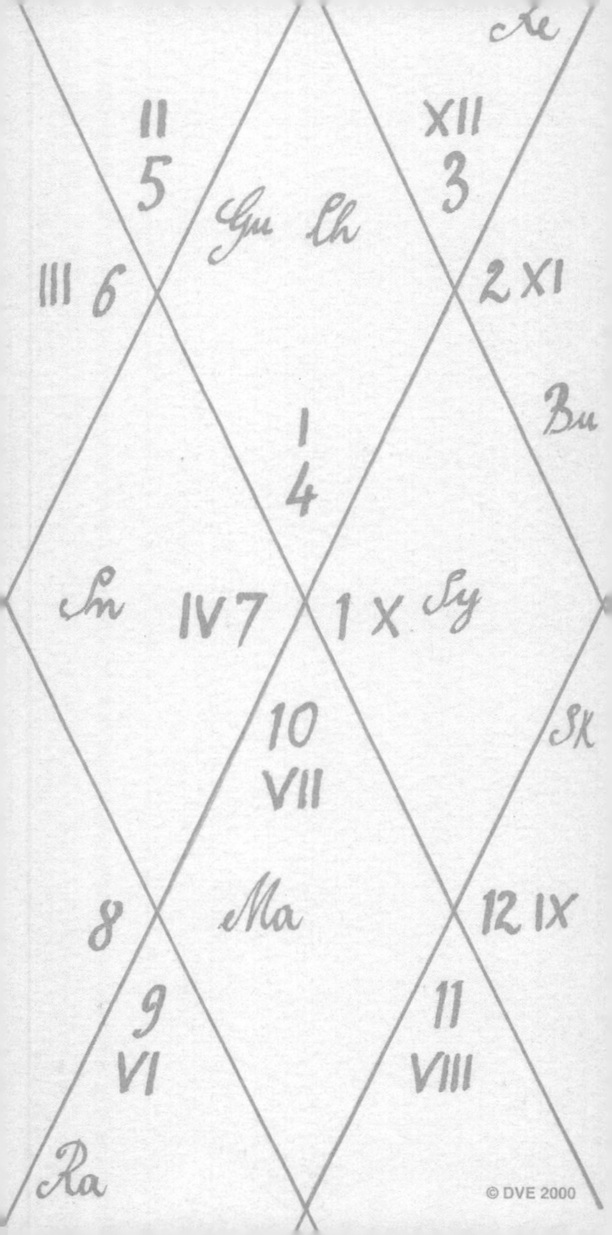
Ae
II
5
XII
3
Gu
Ch
III
6
2 XI
Bu
I
4
Sn
IV 7
1 X
Sy
Sk
10
VII
8
Ma
12 IX
9
VI
11
VIII
Ra

NEPTUNE
POSITIF

SENSIBILITÉ • ESPRIT ROMANTIQUE
DONS ARTISTIQUES
EAU • RÊVES
PROFONDEUR

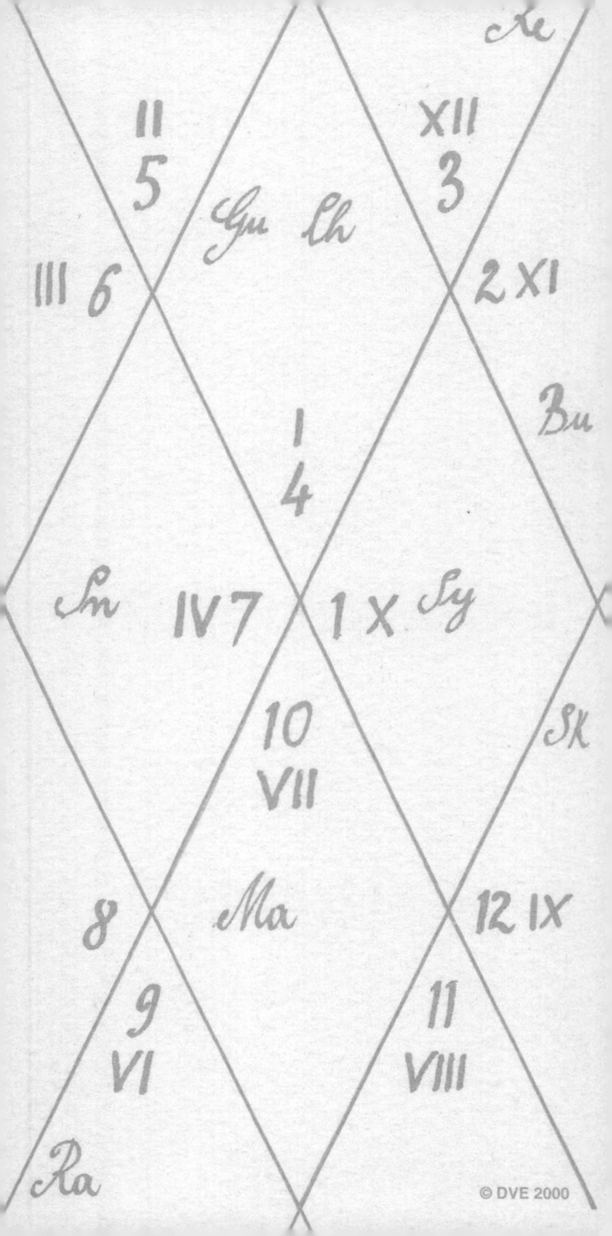
Ke
XII
3
II
5
Gu
Ch
III 6
2 XI
Bu
I
4
Sn
IV 7
1 X
Sy
10
VII
Sk
8
Ma
12 IX
9
VI
11
VIII
Ra

URANUS
NÉGATIF

UTOPIE • FANATISME
CATASTROPHES • EXAGÉRATION
DÉSORDRE
RUPTURE

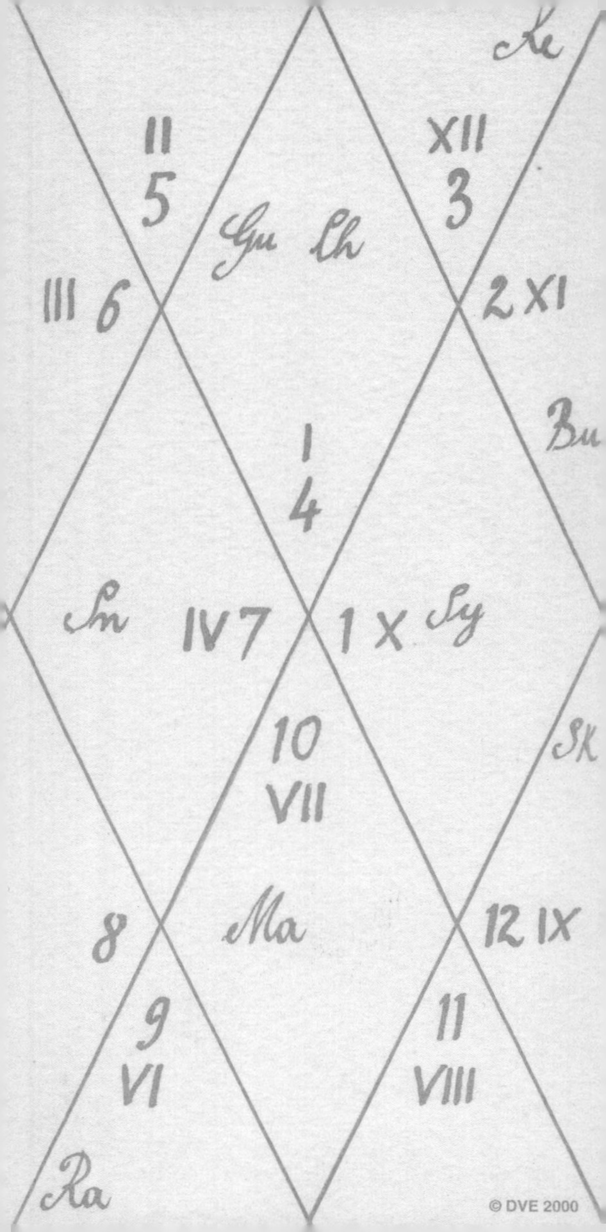
Ke
II
5
XII
3
Gu
Ch
III 6
2 XI
Bu
I
4
Sn
IV 7
1 X
Sy
Sk
10
VII
Ma
8
12 IX
9
VI
11
VIII
Ra

FEU
TRANSFORMATION • EXALTATION
VOLONTÉ • FORCE
ÉNERGIE • PASSION
DESTRUCTION

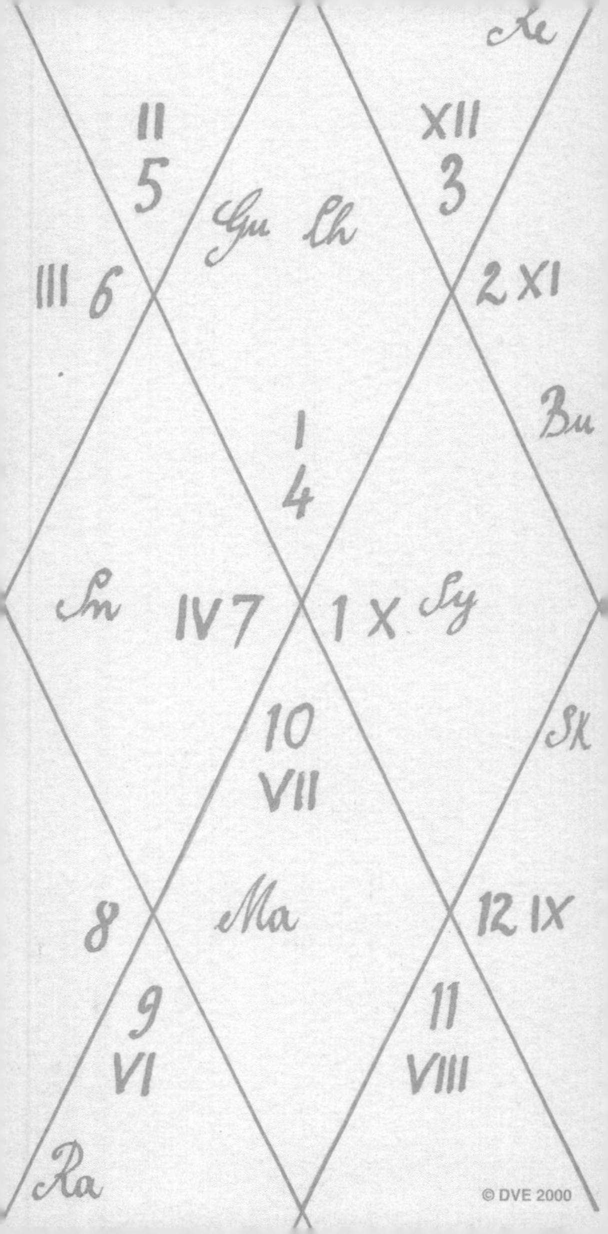
II
5
Gu
Ch
XII
3
III 6
2 XI
Bu
I
4
Sn
IV 7
1 X
Sy
10
VII
Sk
8
Ma
12 IX
9
VI
11
VIII
Ra

PLUTON
POSITIF

RECONSTRUCTION • AMÉLIORATION
TRANSFORMATION
RENOUVELLEMENT
GUÉRISON • REPRISE

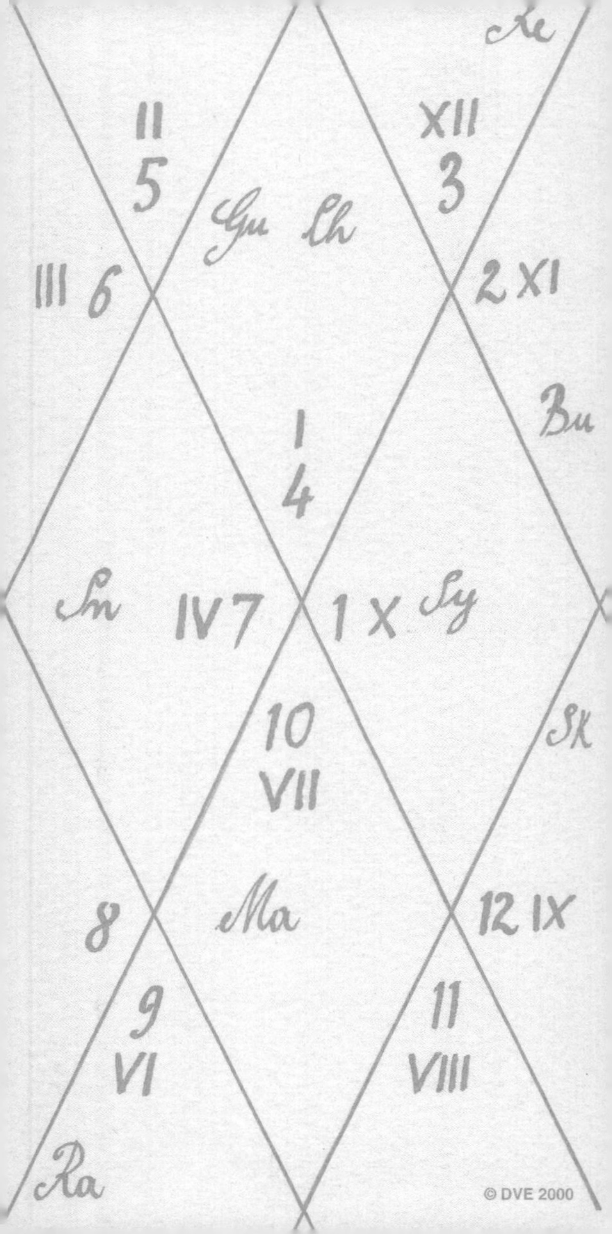

Ke
II
5
XII
3
Gu
Ch
III 6
2 XI
Bu
I
4
Sn
IV 7
1 X
Sy
10
VII
Sk
8
Ma
12 IX
9
VI
11
VIII
Ra

NEPTUNE
NÉGATIF

ILLUSION • PEUR
DÉPENDANCE • IMMATURITÉ
INCOHÉRENCE
VULNÉRABILITÉ

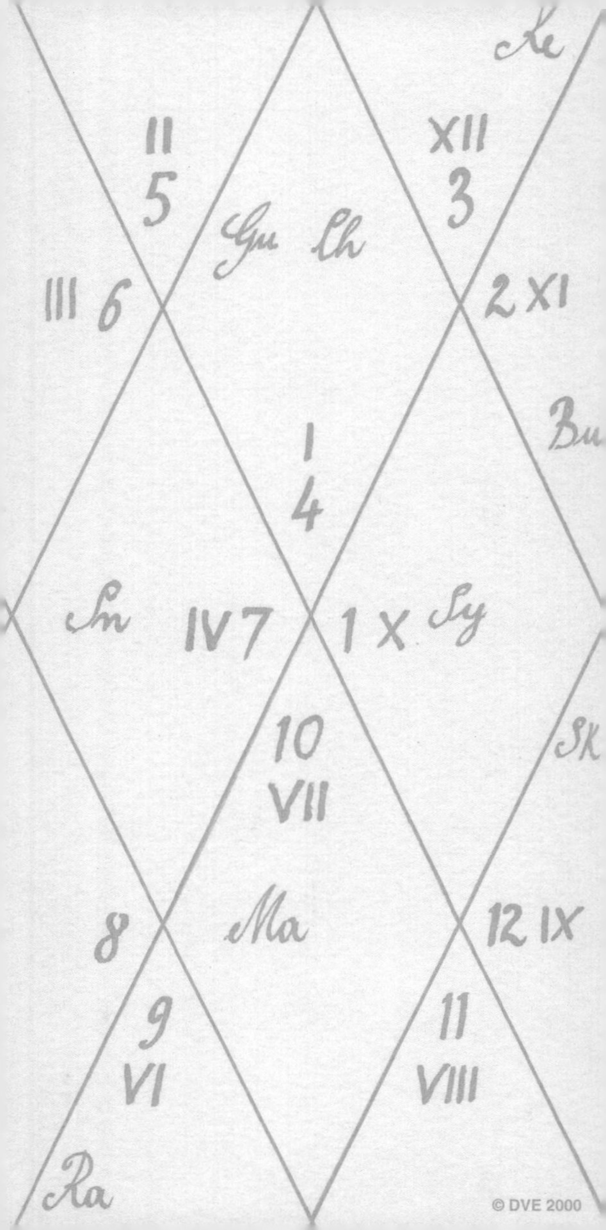
Ke
II
5
Gu
Ch
XII
3
III 6
2 XI
Bu
I
4
Sn
IV 7
1 X
Sy
Sk
10
VII
8
Ma
12 IX
9
VI
11
VIII
Ra

MAISON
III

FRÈRES • PARENTS
PROCHES • CONTACTS IMMÉDIATS
ÉDUCATION • ÉTUDES

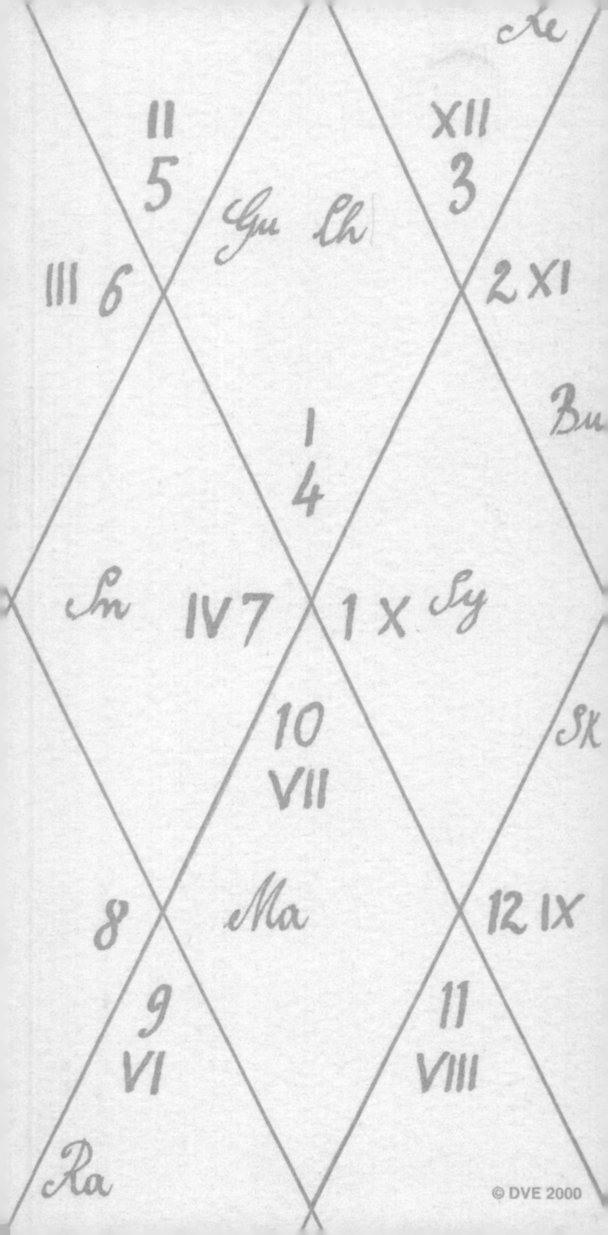
Ke
II
5
Gu
Ch
XII
3
III 6
2 XI
I
4
Bu
Sn
IV 7
1 X
Sy
10
VII
Sk
8
Ma
12 IX
9
VI
11
VIII
Ra

MAISON VII

UNIONS • ASSOCIATIONS
MARIAGE
CONFLITS
RENCONTRES

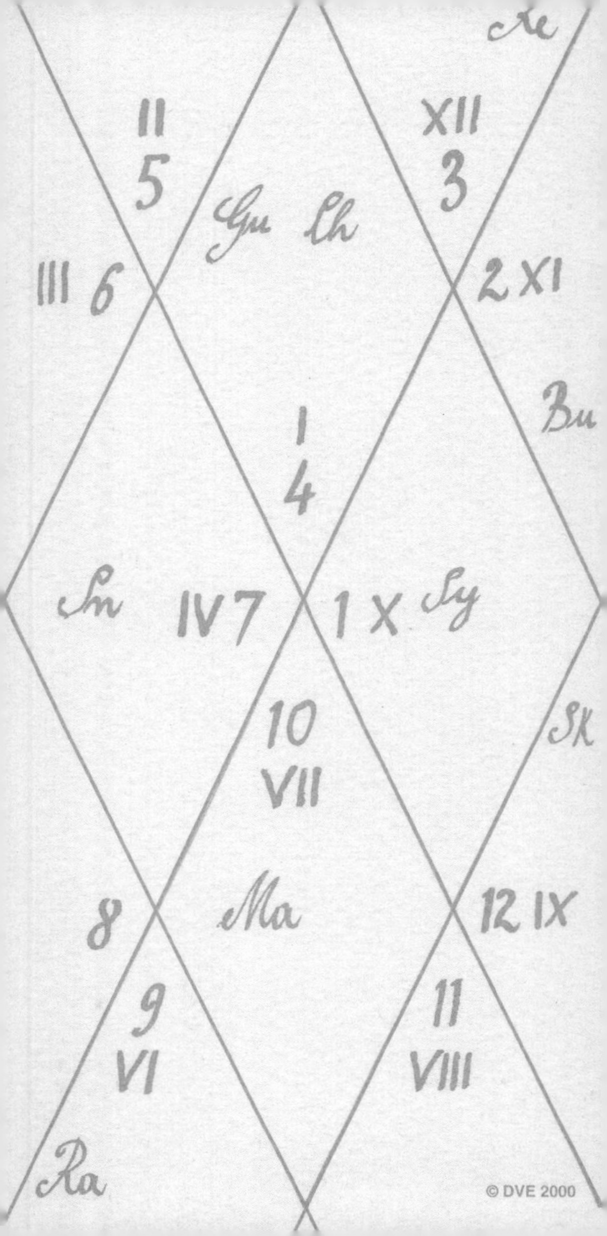
Ve
II
5
Gu
Ch
XII
3
III 6
2 XI
Bu
I
4
Sn
IV 7
1 X
Sy
Sk
10
VII
8
Ma
12 IX
9
VI
11
VIII
Ra

א ☉

SOLEIL
NÉGATIF

ASPIRATIONS ARTISTIQUES FRUSTRÉES

ÉGOÏSME • ORGUEIL

IDÉAUX INACCESSIBLES

♌ ♌

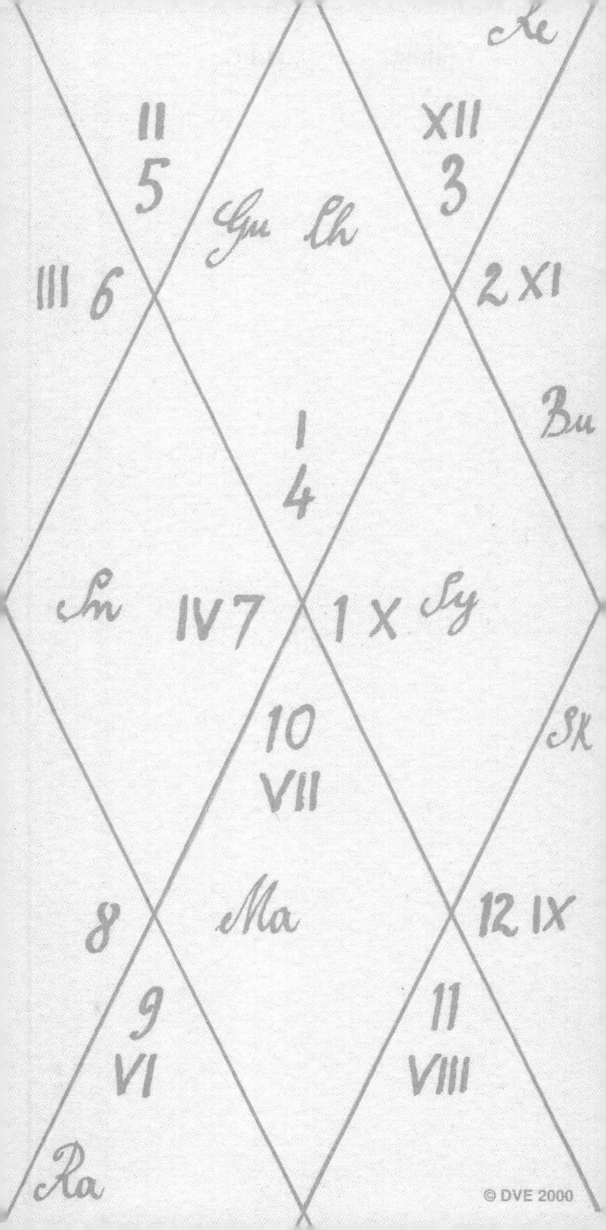
Ke
II
5
XII
3
Gu
Ch
III
6
2 XI
Bu
I
4
Sn
IV 7
1 X
Sy
Sk
10
VII
8
Ma
12 IX
9
VI
11
VIII
Ra

MAISON VIII

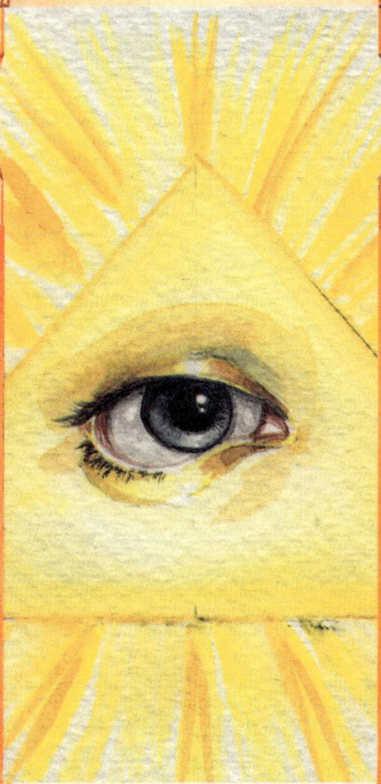

AU-DELÀ • SPIRITUALITÉ
CHANGEMENTS INTÉRIEURS
CARACTÈRE OCCULTE
HÉRÉDITÉ
MÉTAMORPHOSE

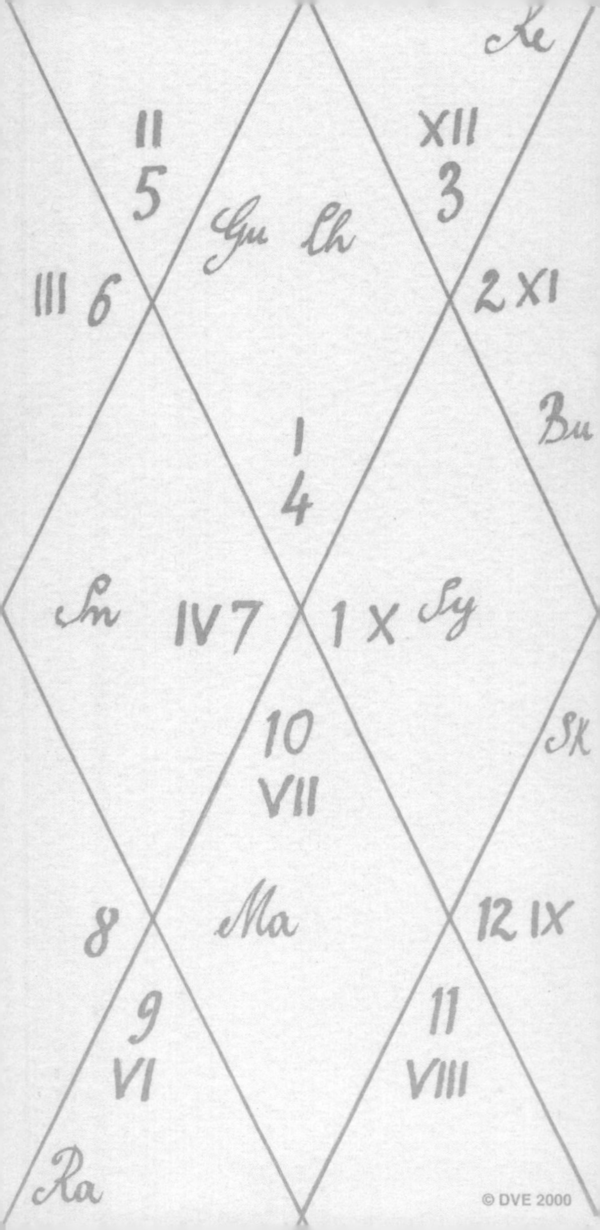
Ke
II
5
XII
3
Gu
Ch
III 6
2 XI
Bu
I
4
Sn
IV 7
1 X
Sy
Sk
10
VII
8
Ma
12 IX
9
VI
11
VIII
Ra

EAU

CARACTÈRE INSTINCTIF
SENSIBILITÉ • ÉMOTIVITÉ
PROFONDEUR • INSTABILITÉ

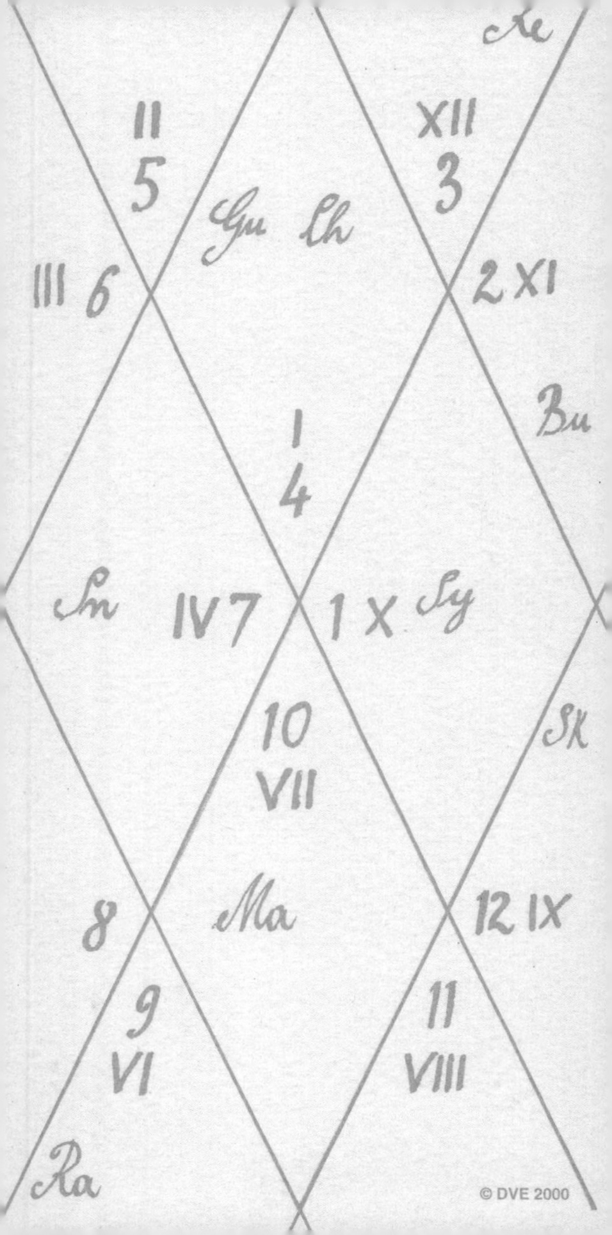
Ae
II
5
Gu
Ch
XII
3
III 6
2 XI
Bu
I
4
Sn
IV 7
1 X
Sy
10
VII
Sk
8
Ma
12 IX
9
VI
11
VIII
Ra
© DVE 2000

PLUTON
NÉGATIF

FORCE DESTRUCTRICE
CRISE • HOSTILITÉ
MÉCHANCETÉ
CONTRADICTION

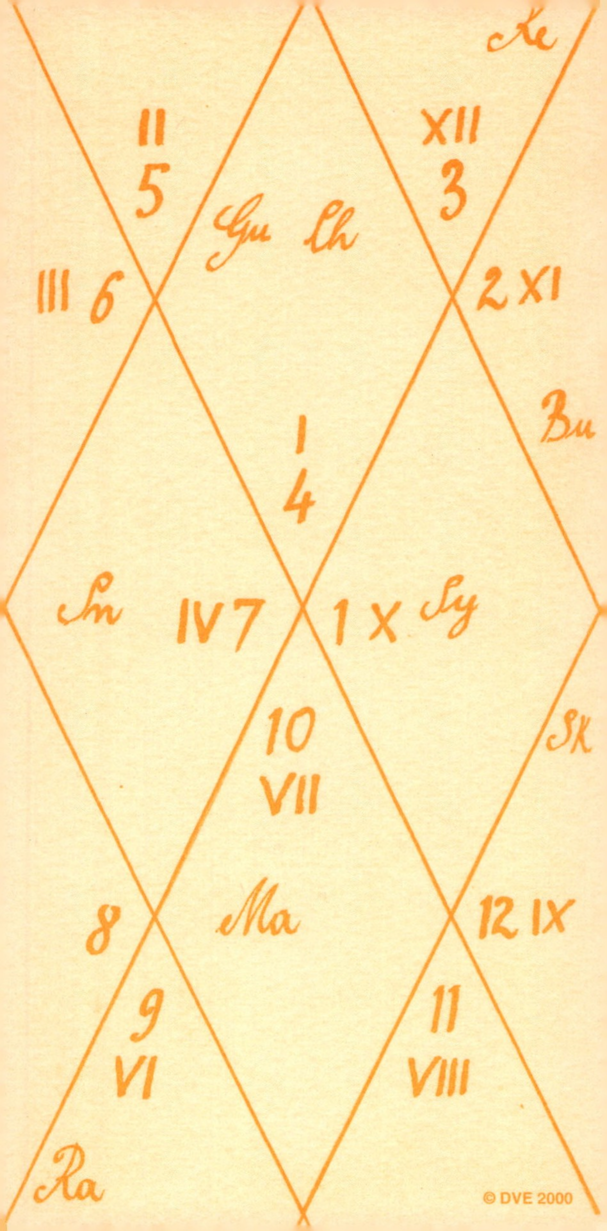
Ae
II
5
Gu
Ch
XII
3
III 6
2 XI
Bu
I
4
Sn
IV 7
1 X
Sy
10
VII
Sk
8
Ma
12 IX
9
VI
11
VIII
Ra

ח ☿

MERCURE

POSITIF

RAPIDITÉ • INTELLIGENCE
HABILETÉ • DIPLOMATIE
APTITUDES À COMMUNIQUER
TRAVAIL

♊ ♍

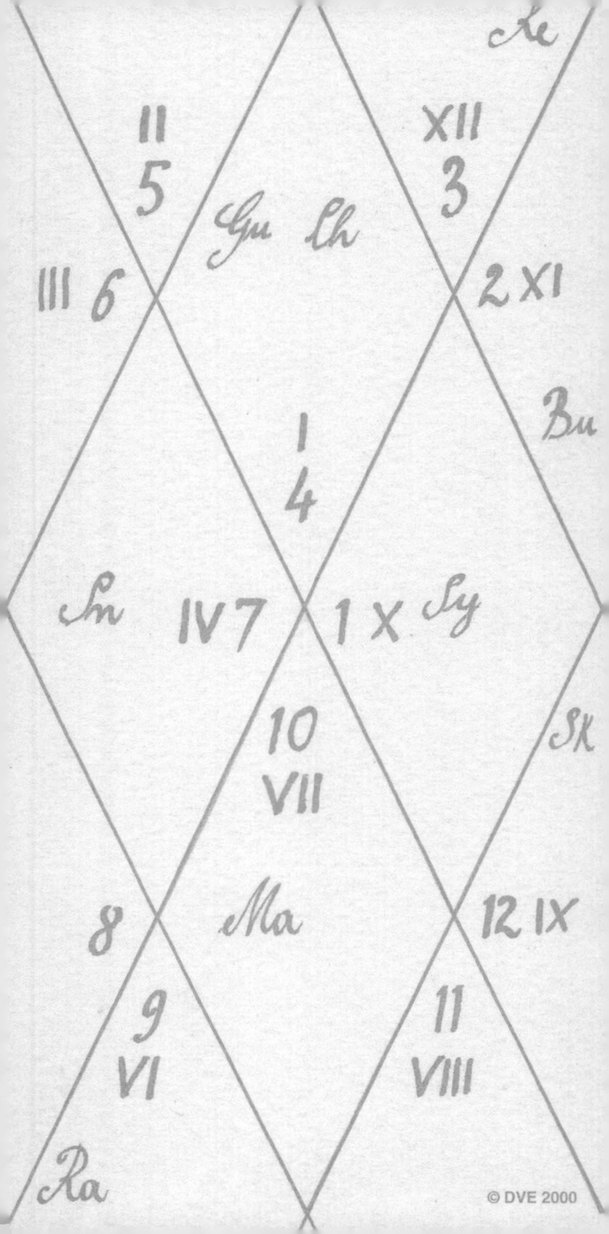
Ae
XII
3
II
5
Gu
Ch
III
6
2 XI
Bu
I
4
Sn
IV 7
1 X
Sy
Sk
10
VII
8
Ma
12 IX
9
VI
11
VIII
Ra

MAISON XII

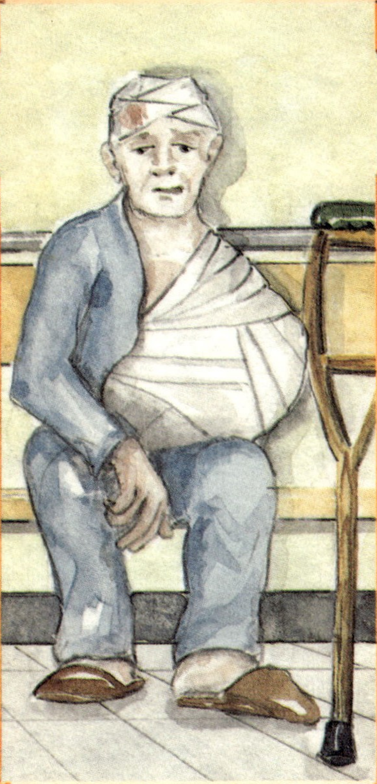

OBSTACLES • ÉPREUVES
INIMITIÉS • MALADIES
CONFLITS
FORCE INTÉRIEURE

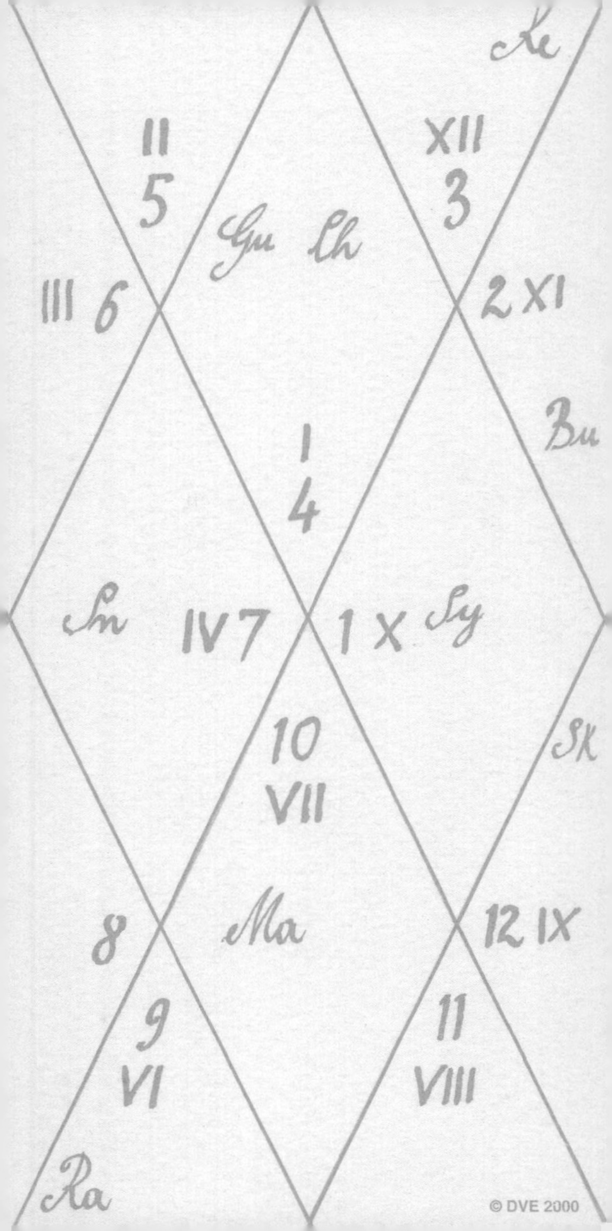
Ke
II
5
XII
3
Gu
Ch
III
6
2
XI
Bu
I
4
Sn
IV
7
1
X
Sy
10
VII
Sk
8
Ma
12
IX
9
VI
11
VIII
Ra
© DVE 2000

SATURNE

POSITIF

RELIGION • SPIRITUALITÉ
SAGESSE • PATIENCE
RESPONSABILITÉ
JUSTICE

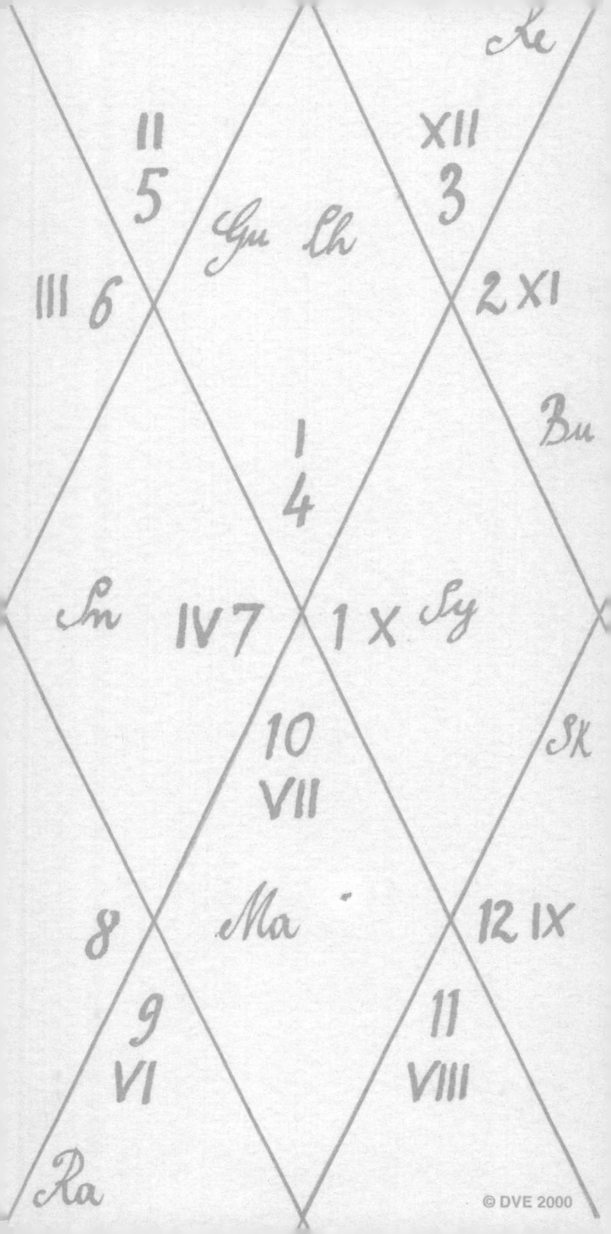
Ae
II
5
Gu
Ch
XII
3
III 6
2 XI
Bu
I
4
Sn
IV 7
1 X
Sy
Sk
10
VII
8
Ma
12 IX
9
VI
11
VIII
Ra

JUPITER
NÉGATIF

INCAPACITÉ D'ÉPARGNER
AVIDITÉ • GASPILLAGE
TYRANNIE • OBSTACLES

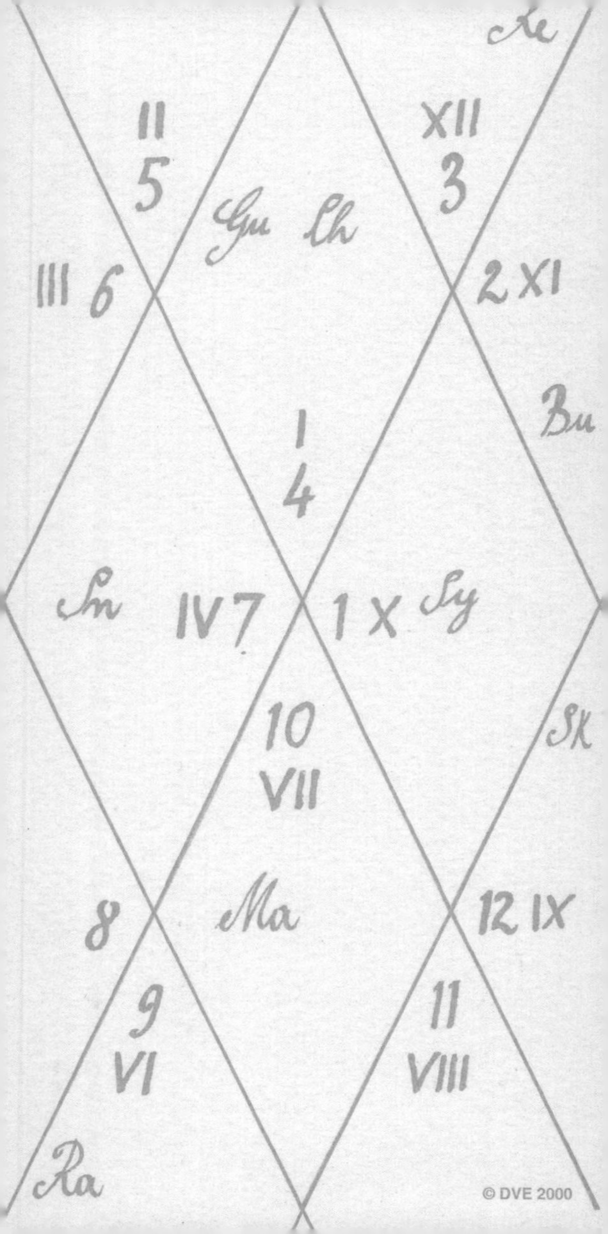
Ke
XII
3
II
5
Gu
Ch
III 6
2 XI
Bu
I
4
Sn
IV 7
1 X
Sy
Sk
10
VII
8
Ma
12 IX
9
VI
11
VIII
Ra

URANUS
POSITIF

TECHNOLOGIE • INVENTION
DÉCOUVERTE • NOUVEAUTÉ
PROGRÈS
ORIGINALITÉ

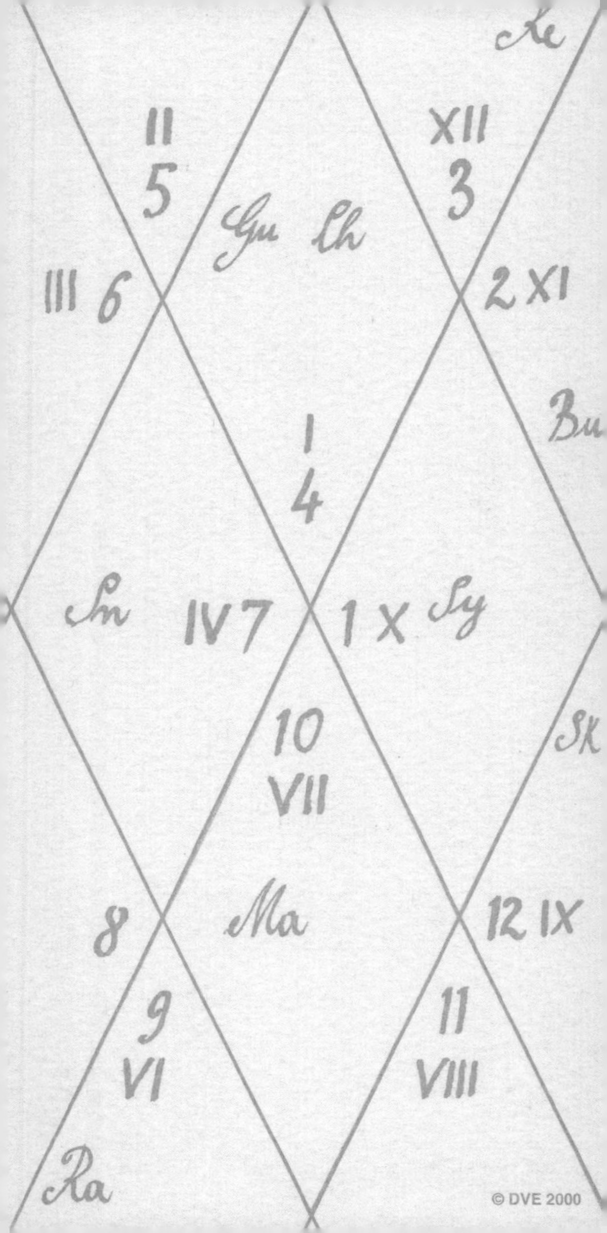
Ke
II
5
XII
3
Gu
Ch
III 6
2 XI
Bu
I
4
Sn
IV 7
1 X
Sy
10
VII
Sk
8
Ma
12 IX
9
VI
11
VIII
Ra

MAISON
XI

AMITIÉS • AFFINITÉS
PROTECTIONS • ENTRAIDE
DÉSIRS • ESPOIRS

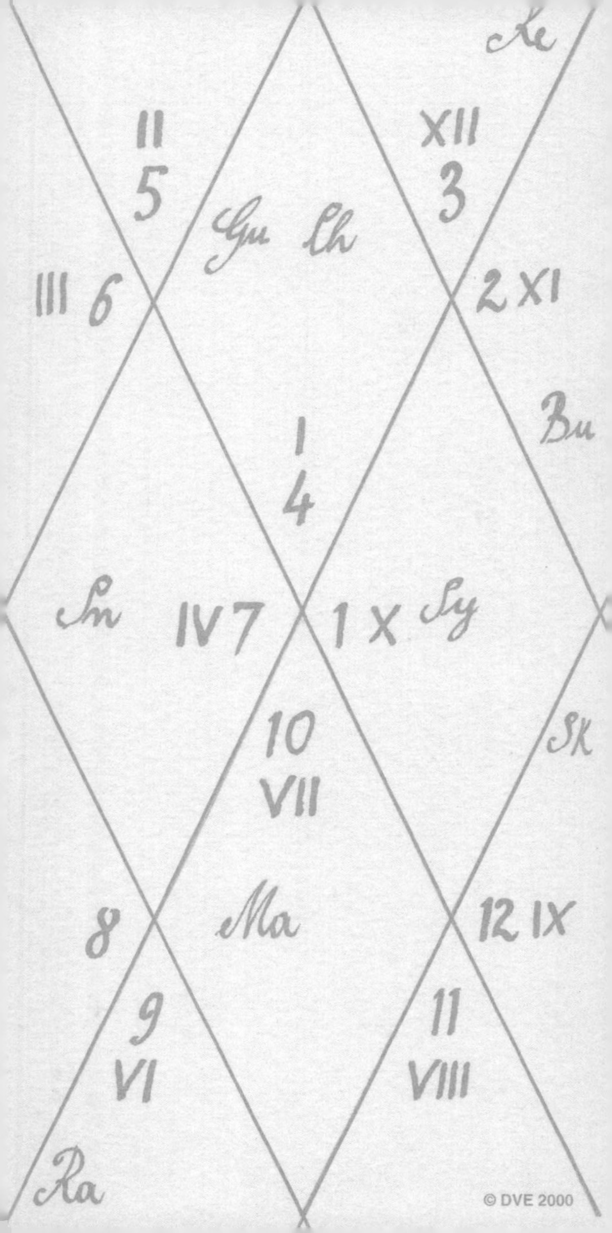
Ke
II
5
XII
3
Gu
Ch
III 6
2 XI
Bu
I
4
Sn
IV 7
1 X
Sy
Sk
10
VII
8
Ma
12 IX
9
VI
11
VIII
Ra

SATURNE
NÉGATIF

TRISTESSE • SOLITUDE
SOUFFRANCE • VIEILLESSE
DESTIN DÉFAVORABLE
ÉCHEC

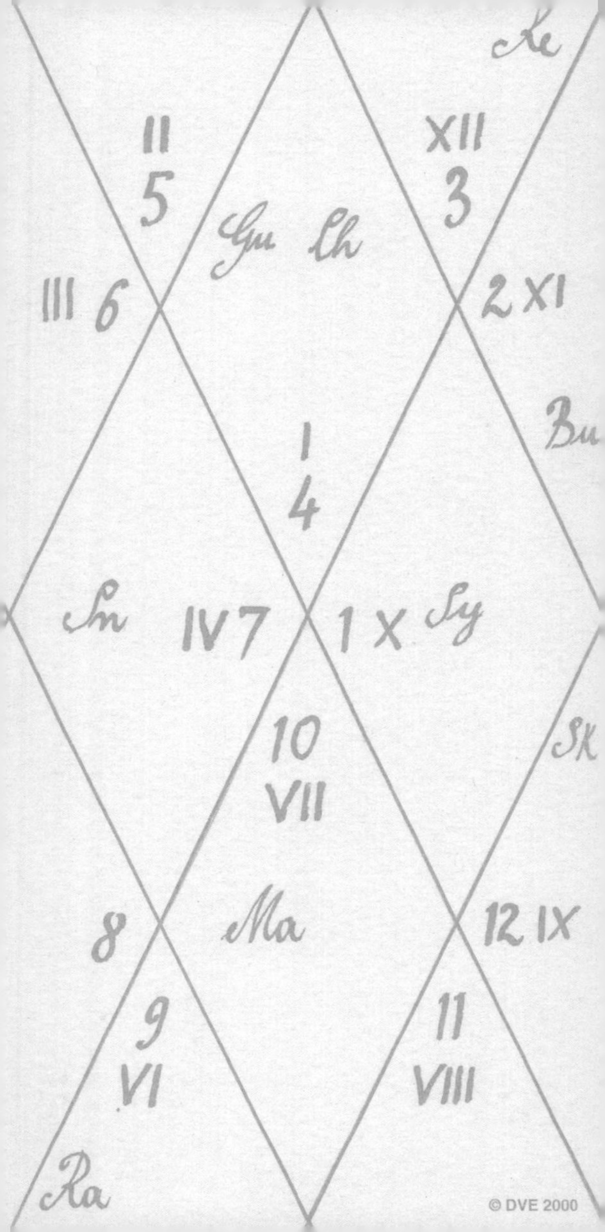
Ke
XII
3
II
5
Gu
Ch
III
6
2 XI
Bu
1
4
Sn
IV 7
1 X
Sy
10
VII
Sk
8
Ma
12 IX
9
VI
11
VIII
Ra

MAISON V

JEU • RELATIONS
ACTIVITÉ SEXUELLE • ENFANTS
ENVIE DE S'AMUSER

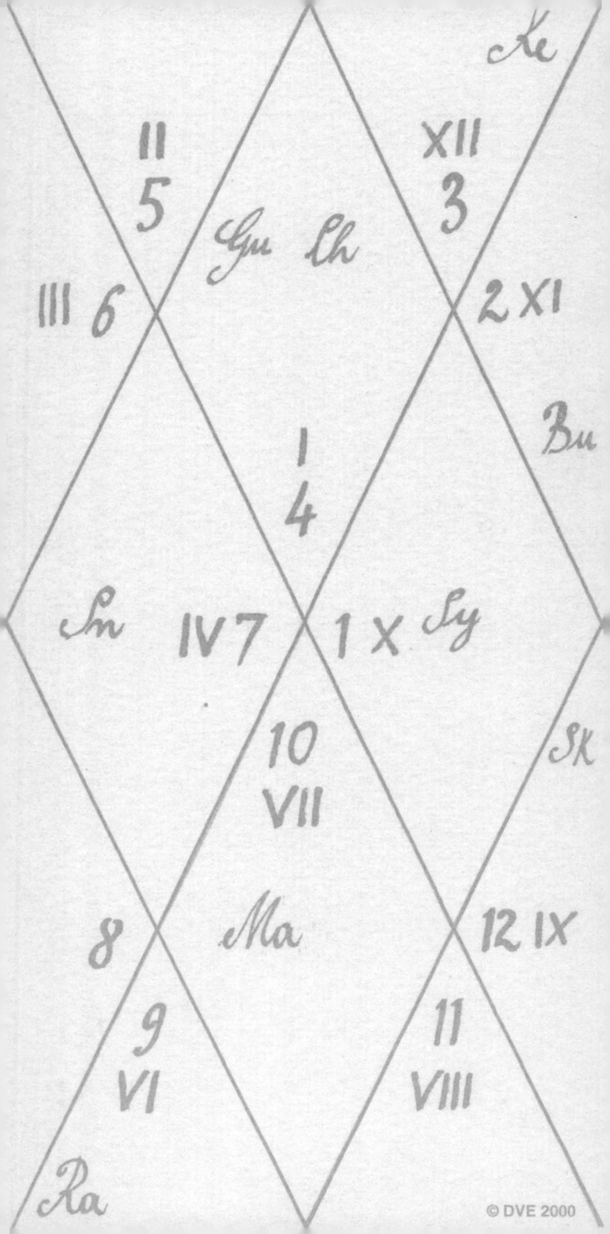
Ke
XII
3
II
5
Gu
Ch
III 6
2 XI
Bu
I
4
Sn
IV 7
1 X
Sy
10
VII
SK
8
Ma
12 IX
9
VI
11
VIII
Ra

MARS
POSITIF

VIRILITÉ • FORCE
ESPRIT D'INITIATIVE
COURAGE • VOLONTÉ
COMBATIVITÉ

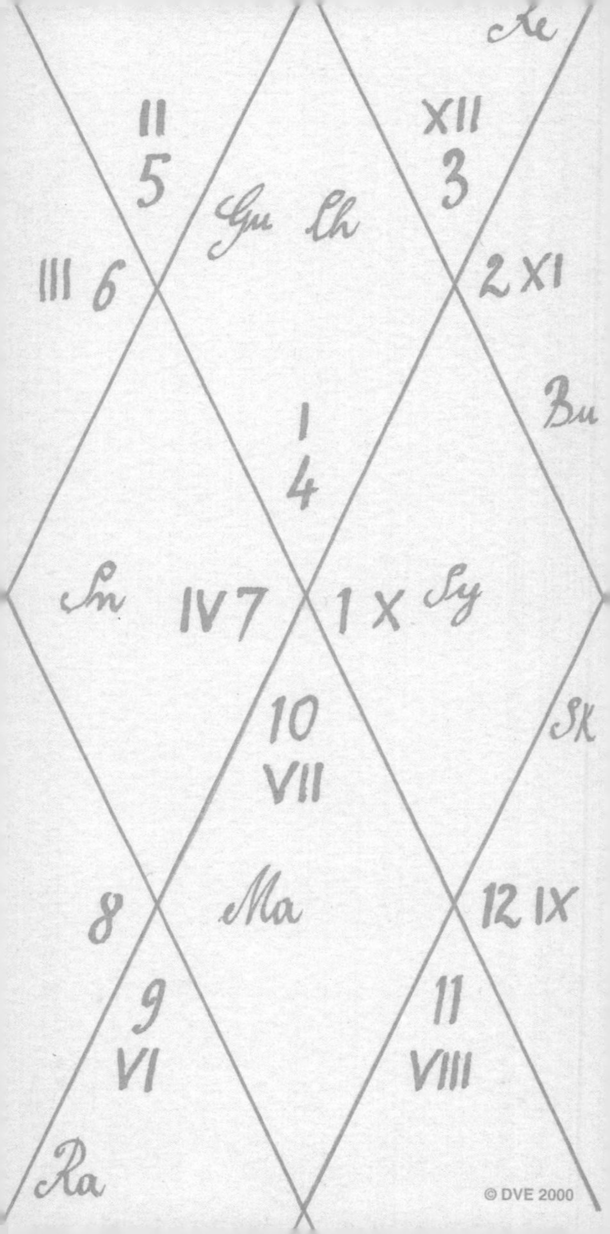

Ae
II
5
XII
3
Gu
Ch
III 6
2 XI
Bu
1
4
Sn
IV 7
1 X
Sy
10
VII
Sk
8
Ma
12 IX
9
VI
11
VIII
Ra

CHANCE
SUCCÈS
RÉUSSITE
DESTIN FAVORABLE

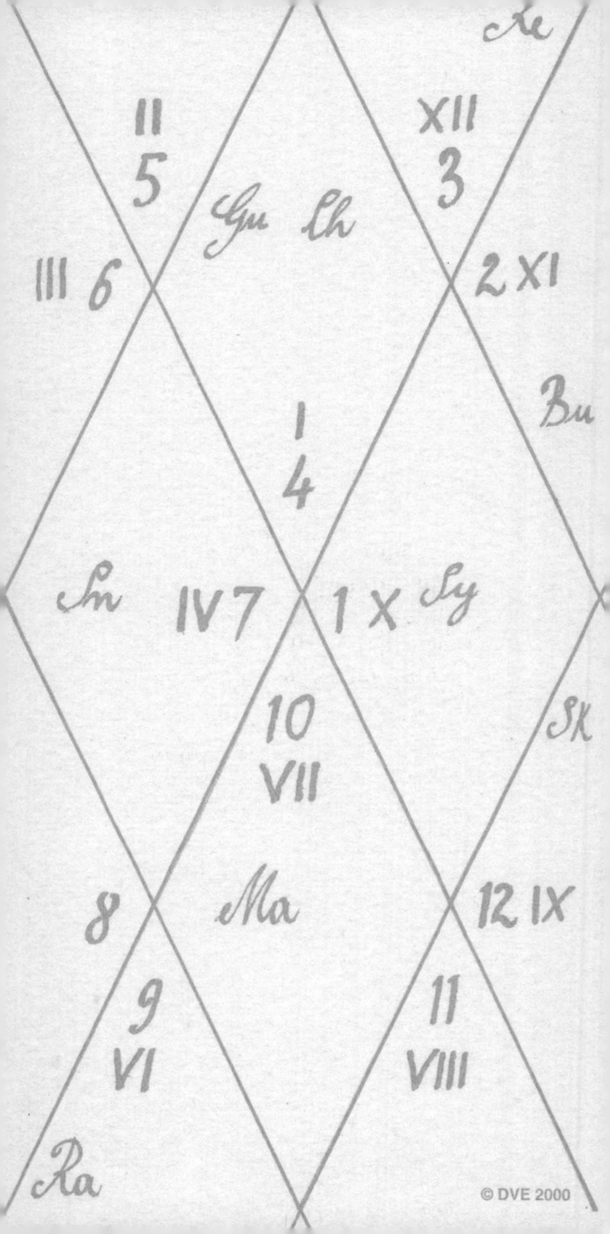
Ne
II
5
XII
3
Gu
Ch
III 6
2 XI
Bu
1
4
Sn
IV 7
1 X
Sy
10
VII
Sk
8
Ma
12 IX
9
VI
11
VIII
Ra

MALCHANCE

ÉVÉNEMENTS NÉGATIFS
FAIT DÉFAVORABLE
FAIBLESSE

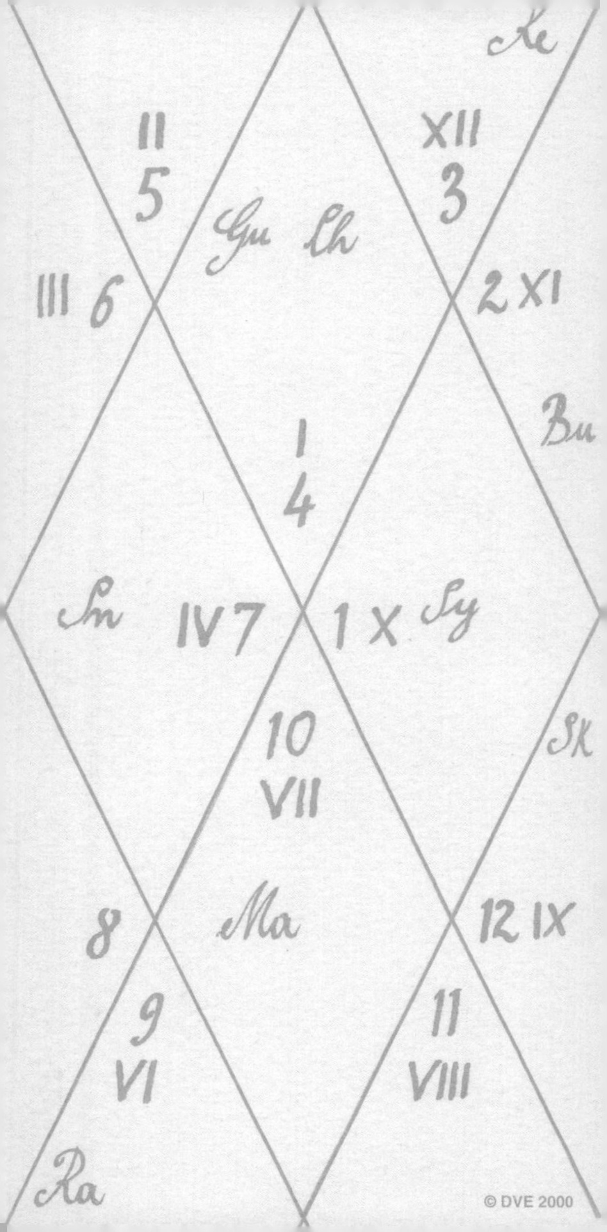
Ke
XII
3
II
5
Gu
Ch
III 6
2 XI
Bu
1
4
Sn
IV 7
1 X
Sy
Sk
10
VII
8
Ma
12 IX
9
VI
11
VIII
Ra

MAISON VI

RAPPORTS AVEC DES COLLABORATEURS
CONSTITUTION PHYSIQUE
SANTÉ • TRAVAIL
TÂCHES MATÉRIELLES

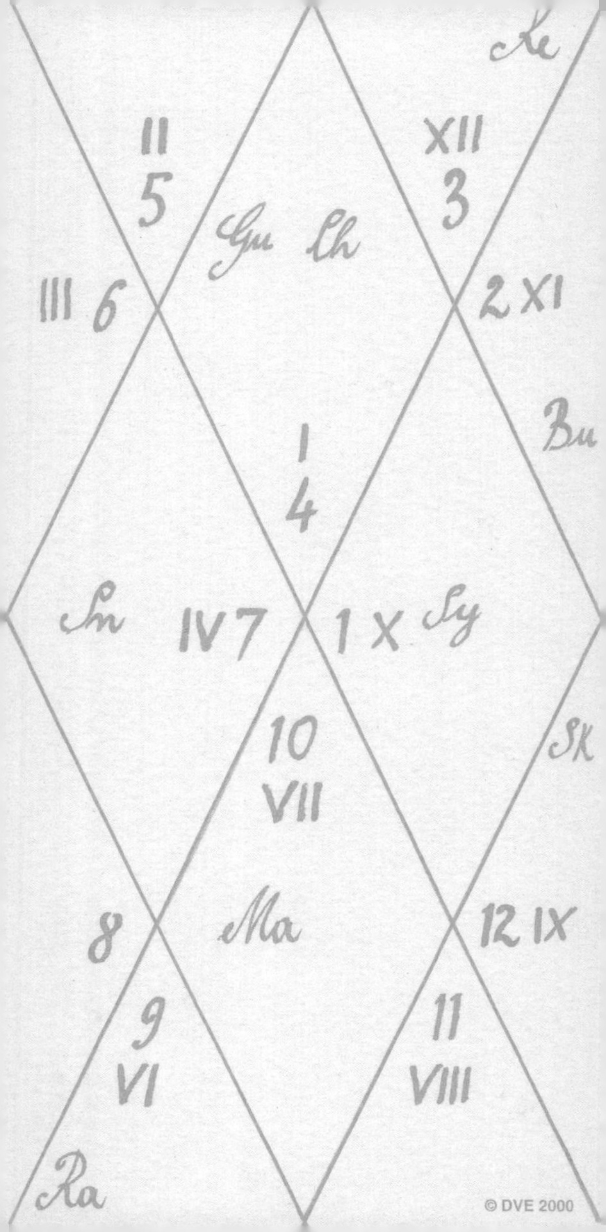
Ke
XII
3
II
5
Gu
Ch
III
6
2 XI
Bu
I
4
Sn
IV 7
1 X
Sy
Sk
10
VII
8
Ma
12 IX
9
VI
11
VIII
Ra

MAISON
IV

PARENTS • RACINES
MAISON PATERNELLE • ORIGINES
TRADITIONS

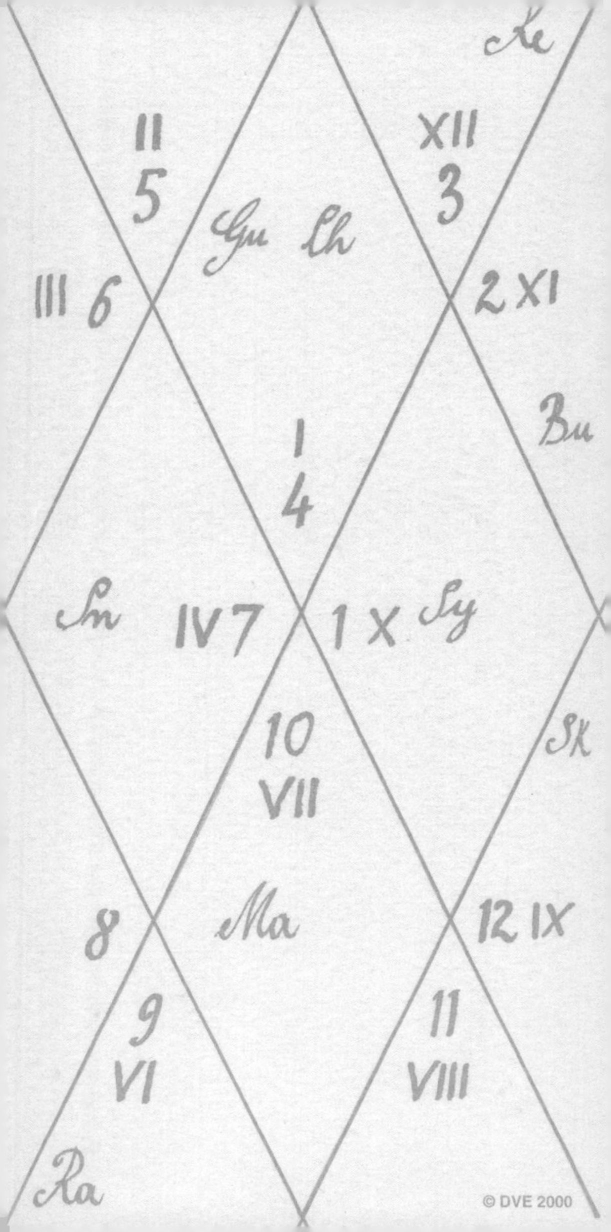
Ke
II
5
XII
3
Gu
Ch
III 6
2 XI
Bu
1
4
Sn
IV 7
1 X
Sy
10
VII
Sk
8
Ma
12 IX
9
VI
11
VIII
Ra
© DVE 2000

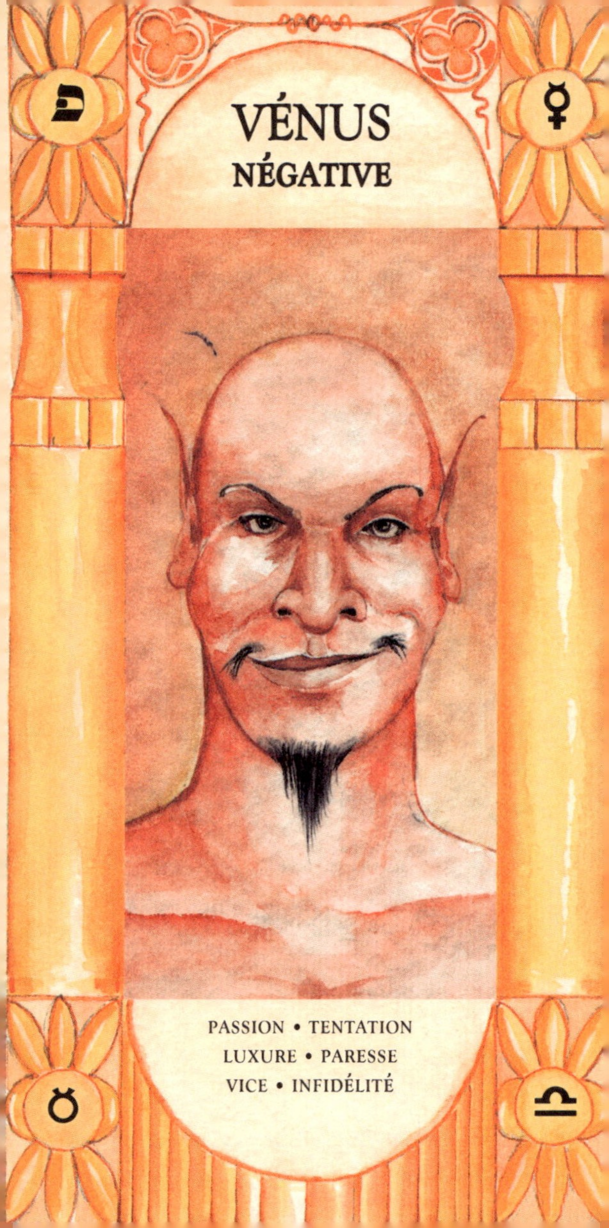
VÉNUS
NÉGATIVE
PASSION • TENTATION
LUXURE • PARESSE
VICE • INFIDÉLITÉ

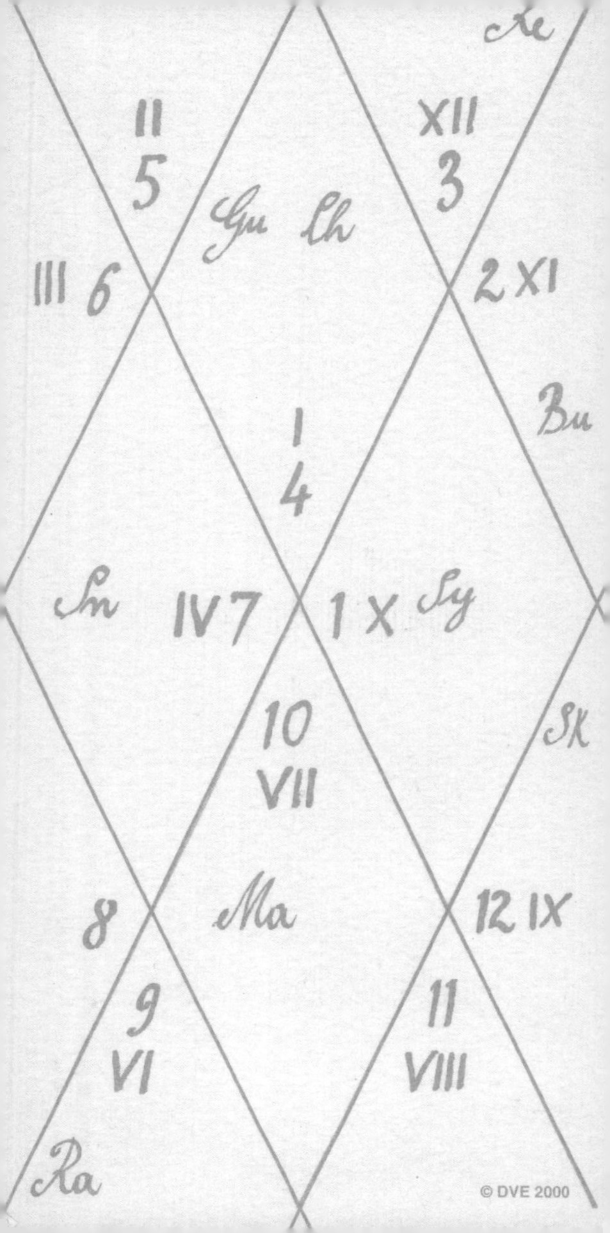
Ae
II
5
XII
3
Gu
Ch
III 6
2 XI
Bu
I
4
Sn
IV 7
1 X
Sy
10
VII
Sk
8
Ma
12 IX
9
VI
11
VIII
Ra

QUEUE DU DRAGON

DIMINUE LES EFFETS POSITIFS
DES CARTES DES PLANÈTES
ET AUGMENTE LEURS
EFFETS NÉGATIFS